Projekt Spaceship

Christian Zschoch

# Projekt Spaceship

Eine kleine Hilfestellung
für Raumschiffbauer

Bibliografische Information Der Deutschen Bibliothek:
Die Deutsche Bibliothek verzeichnet diese Publikation in
der Deutschen Nationalbibliografie; detaillierte bibliografische Daten sind im Internet unter
http://dnb.dnb.de abrufbar.


1. Auflage 2007
© Christian Zschoch

Herstellung und Verlag:
Books on Demand GmbH, Norderstedt


ISBN 978-3-8370-0931-6

# *Inhalt*

Über dieses Buch ..................................................................... 7

Kapitel Philosophie ................................................................. 9
*Erfahren Sie mehr über die Beweggründe für dieses Projekt. Finden Sie die Faszination, mit der bereits die Forscher der Vergangenheit Mut und Forscherdrang aufbrachten.*

Kapitel Outer Structure ........................................................ 13
*Die Bildung der äußeren Hülle ist der erste Schritt zum eigenen Raumschiff. Deren Ausmessungen und der räumliche Nutzen stehen hier im Mittelpunkt.*

Kapitel Life Systems ............................................................. 37
*Erste Systeme erwachen im Schiff zum Leben. Die Basis für das Leben ist eine Biosphäre.*

Kapitel Energy Supply .......................................................... 50
*Die Versorgung des Schiffes mit Material und Energie ist auf Dauer sicherzustellen. Es werden alle benötigten Versorgungssysteme erstellt.*

**Kapitel Engines** ............................................................60
*Die Zeitkapsel erhält einen Motor. Eine spekulative Vision informiert Sie über die Aspekte eines Antriebssystems.*

**Kapitel On Board Software** ....................................83
*Einen Teil der Tätigkeiten an Bord können Sie automatisieren. Zusätzlich erhalten Sie Informationen über den Wissensspeicher, der Ihr Wissen und Ihre Entdeckungen festhält.*

Abkürzungsverzeichnis ..........................................89

Abbildungsverzeichnis ............................................91

Tabellenverzeichnis ..................................................92

## *Über dieses Buch*

Dieses Buch soll helfen, Unbekanntes zu verstehen, und die vergangenen und die noch kommenden Ereignisse festzuhalten. Das Universum in seiner Unendlichkeit, ist angefüllt mit Geheimnissen und Wundern, von deren Existenz niemand etwas weiß. Sie zu entdecken und zu studieren, wird jeden von uns in der Geschichte verewigen.

Ziel dieser Sammlung ist es, ein Raumschiff auf Do-it-yourself-Basis zu realisieren. Die Aufwände zur Erstellung sollen in einem leicht finanzierbaren Rahmen gehalten werden. Durch die stufenweisen Ausbauphasen, können die Kosten nach und nach während der Entstehungszeit erbracht werden.

Verzeihen Sie mir, wenn ich mit der einen oder anderen Vorstellung etwas von den aktuellen technischen Möglichkeiten abweiche. Um diesen neuen Weg zu gehen, bedarf es auch Technologien, die erst näher erforscht werden müssen.

Dieses Buch soll auch künftigen Konstrukteuren – mit anderen technischen Möglichkeiten – dienen. Dazu wird der Inhalt regelmäßig mit Neuerungen ergänzt, um geänderte Vorraussetzungen einfließen zu lassen.

Haben Sie eigene Ideen zur Umsetzung und können einen inhaltlichen Beitrag leisten? Dann nutzen Sie die

Möglichkeit eine Mail zu senden, oder einen Link auf Ihren Beitrag zu posten:

Projekt_Spaceship@arcor.de

http://home.arcor.de/project_spaceship

Werden Sie Teil dieses Projektes, und helfen Sie, das Know-How für ein privates Raumschiff zu sammeln.

Christian Zschoch

## *Kapitel Philosophie*

*Es ist 20:32 Uhr und geradezu verblüffend, wie schnell es um diese Jahreszeit dunkel wird. Die Abende waren vor einigen Wochen noch bis 22 Uhr so hell, dass man ohne Licht im Garten sitzen konnte. Eigentlich hatte er sich vorgenommen, noch einmal den blauen Himmel und den schönen roten Lichtschimmer zu betrachten, der abends im Herbst normalerweise auftritt. Doch Kapitän Franz Hansen vergaß dies aus Aufregung, als er vor weniger als zwei Stunden die drei Stufen bis zur Luke des Schiffes erstieg und darin verschwand.*

*Der Höhenmesser zeigte bereits über 1.000 Meter. Ein leises Rauschen lag überall in der Luft, und wenn es jetzt nicht so ein verdammt wichtiger Moment wäre, wäre er wohl eingeschlafen. Aber warum auch nicht? Die kommenden 30 Jahre würde er sowieso nicht viel erleben, und da könnten ein paar Minuten Schlaf eigentlich nicht schaden. Letzte Nacht konnte er lange Zeit nicht einschlafen, dafür war er zu aufgeregt. Bei seinem Abflug würde es niemanden zu verabschieden geben, denn seine Mutter, die seine einzige verbliebene Verwandtschaft war, war kurz nach seinem 43. Geburtstag verstorben. Auch die Fragen, ob er an alles gedacht hatte, hielten ihn in dieser Nacht wach. Das Schiff hatte die Lebenserhaltung bereits seit über drei Monaten aktiviert, und alles schien perfekt zu funktionieren. Die Triebwerke hatte er ebenfalls für ein paar Stunden getestet, ohne dass Fehler aufgetreten waren. Es sollte, ja, es musste alles gut gehen!*

*„Genug gedacht!" Hansen warf einen Blick auf den Anzeigeschirm, um den Luftraum über und unter sich zu prüfen. Alles frei. In dieser Höhe müsste der Luftdruck bereits zu sinken*

*beginnen, aber der manuelle Höhenmesser an den „Electronic Installations for Navigation and automated Processes" - kurz EINA - zeigte noch keine merkliche Abweichung. Auch CLEO, die als zentrales Computergedächtnis, sonst so gesprächig war, und seit ihrer Aktivierung meistens unverständliche Sätze von sich gab, schwieg in diesem erhebenden Moment. Er schaltete die Ansicht des rechten Bildes auf die Vorderansicht, und dann sah er ihn doch noch: Den schönsten Sonnenuntergang dieses Jahres. Nicht nur, weil die Sonnenscheibe warm über der Erdoberfläche flimmerte, auch das Land in der Tiefe erschien in einem saftigen Grünton des Sommerwaldes.*

*Drei Stunden später säuselte immer noch das Rauschen der Antriebe. Zu dieser gemütlichen Geräuschkulisse hatte sich ein leises Knacksen hinzugesellt, das alle Minuten einmal auftrat. „Die Hülle dehnt sich." dachte Hansen, und beschloss, dass es jetzt Zeit für einen kleinen Rundgang wäre. Die Höhe betrug nun schon 25.000 Meter, und mit zivilem Luftverkehr war nicht mehr zu rechnen. Also erst mal abschnallen und raus aus dem Pilotensitz. Ein Blick auf CLEOs Bildschirm verriet, dass es draußen mittlerweile eisig kalt war. Bei minus 82 Grad Celsius war es für die Maschine nicht einfach, dem Innendruck stand zu halten, und trotz der Druckreduzierung auf 0,7 Bar, blieb noch genug Druck auf den Außenwänden, um eine Katastrophe zu verursachen.*

*Als er durch die Tür Richtung Achtern ging, fiel ihm ein, dass er gar nicht mehr auf die Temperatur der Antriebe und der Reaktoren geachtet hatte. Aber wozu hatte er CLEO, die ihm hoffentlich rechtzeitig Bescheid geben würde. Für heute waren eigentlich keine weiteren Aktivitäten geplant, aber das Risiko eines Sauerstoffmangels ließ Hansen keine Ruhe, und er wollte, sofern es heute möglich wäre, noch eines der Pflanzen-*

*beete in Segment 3 neu einsäen. Vorbei an der Brennstoffzelle kam er zur Luke, die in den Längstunnel des Schiffes führte. Er durchstieg sie und ging nach rechts zur äußeren Ebene. Indem er durch die folgende Luke nach links lief, gelang er direkt in den Pflanzenbereich des Segments 4. Ein paar Meter weiter stand er endlich vor seiner heutigen Pflanzaufgabe: Es waren zwei Quadratmeter Erde und ein Töpfchen Saatgut...*

Wie starten wir am Besten die Beschreibung dieses Raumschiffes? Lassen Sie uns ein wenig die Philosophie veranschaulichen, der dieses Buch folgt. Der Gedanke, etwas Bleibendes auszuschicken, das über alle Zeit hinaus besteht, ist in unserem Fall nicht nur ein Ziel, sondern selbst Teil der Botschaft an das Universum. Zusammen mit aller Information, die das Wesen des Menschen ausmacht, kann nicht nur jeder diese Nachricht senden, sondern auch selbst Teil ihrer Botschaft werden.

Wenn man sich fragt, was denn der Unterschied ist, zwischen all der leblosen Materie und uns, den Lebewesen, dann ist es die Seele, die uns zu dem erhebt, was wir sind. Sie ist Gast in unserem Körper, und Sie ist es, was übrig bleibt, wenn wir das Leben, wie wir es kennen, beenden. Was sich dabei von unserem Körper trennt, wird oftmals als Geist bezeichnet, wir bevorzugen dagegen hier einmal den Begriff Seelenwesen.

Es ist eine neue Welt, in die man sich begibt. Alles, was wir mitnehmen können von unserer Erde, sind unser Wissen und unsere Erfahrung, die untrennbar mit unserer Seele verbunden sind. Der Tod ist somit gewissermaßen der Einstieg in das Paradies, welches das ganze Universum umfasst. In einem Zustand, der am Besten mit einem "denkenden Energiegemisch" umschrieben werden kann, gibt es keine räumlichen Grenzen mehr. Man kann Geschwindigkeiten jenseits der Lichtgeschwindigkeit erreichen, und sich innerhalb kürzester Zeit an jeden beliebigen Ort des Universums begeben.

Man wird alte Freunde, die man vor langer Zeit verloren glaubte, wiedersehen, sich mit ihnen verständigen und gemeinsam neue Wege beschreiten. Zwischen den Seelenwesen gibt es äußerlich keine Unterschiede, so dass jeder als das zählt, was er ist. Auch in anderen Welten entstehen solche Seelenwesen, und so entsteht eine große übergreifende Gemeinschaft.

Sich in dieser Gemeinschaft zurechtzufinden, sich in ihr zu integrieren und daraus ein harmonisches und interessantes Dasein zu erlangen, das ist das Ziel unseres Handelns hier auf der Erde.

Leben bewahren,
Neues entdecken,
Freunde gewinnen und
Liebe verehren!

## *Kapitel Outer Structure*

*Franz Hansen überprüfte noch einmal die Entfernung zur Erde. Mit dem Navigationslineal in der Hand war er an den blassen Anzeigeschirm angelehnt und maß den Durchmesser der kleinen blauen Scheibe darauf. „Jetzt müsste es gehen." brummelte er in sich hinein. Es klang voll surrender Technik im überfüllten Navigationsraum. Jede Bewegung wollte genau koordiniert werden, um nicht mit den Ellenbogen an einem lebenswichtigen Instrument hängen zu bleiben. Hansen griff zu den Flugkontrollen und zog die vier Schubregler der Antriebe auf null. Augenblicklich entfiel auf den Schiffskörper der gleichmäßige Druck von unten. Was er dabei nicht bedacht hatte: Entfällt dieser Druck, entfällt auch die Schwerkraft, die ihn am Boden und im Sitz hielt.*

*Mittlerweile hatte sich Hansens Schiff so weit von der Erde entfernt, dass nur noch geringe Auswirkungen der Schwerkraft einen antriebslosen Weiterflug ermöglichten. Er brannte darauf, das Rotationsmanöver auszuführen, und die Flugkontrollen dafür zu testen. Aber noch waren einige Vorbereitungen zu treffen. Die Öffnung zum Wohnraum, die zwei Meter vor ihm in der Wand lag, würde sein erstes Ziel in der Schwerelosigkeit sein. Nur mit den Armen zog er sich erst hoch und dann am Anzeigeschirm vorbei und flog dann ohne weiteres Zutun in Richtung Wand. Als er bei der Öffnung angelangt war, die knapp unterhalb der Decke lag, ergriff er die oben liegende Leiter und zog sich weiter - hinein in den Wohnraum. Auf der Erde konnte er diese Öffnung nie verwenden, da sie ausschließlich für die Nutzung in der Schwerelosigkeit und während des Rotationsfluges geplant war. Jetzt endlich kam sie zum Einsatz.*

*Im Wohnraum war es dunkel, nur durch die Tür an der linken Seite schimmerte etwas Licht durch die Fugen. Um das Außenbild auf dem Anzeigeschirm besser erkennen zu können, hatte er hier zuvor die Beleuchtung abgeschaltet. Er suchte erst einmal Halt an dem seitlich befestigten Bett, das zurzeit an die Wand geklappt und dort befestigt war. Mit einem Schubs flog er zur Tür, die zu den Pflanzensegmenten führte. Als er sie geöffnet hatte, roch es dahinter nach feuchter vermoderter Waldluft. Ein schöner Geruch, der in dieser unwirklichen Umgebung, so etwas wie Naturpräsenz verbreitete. An der Innenseite hingen die Pflanzregale und füllten mit ihrem saftigen Grün den Flur mit Leben. Hansen hielt sich am Holm des ersten Regals fest und griff am untersten Regalboden hindurch zu einem Verschluss, der die Konstruktion an der Wand festhielt. Er zog sich weiter zu den nächsten Regalen und öffnete einen Verschluss nach dem anderen, bis er zum Einstieg zu Segment 5, dem Längstunnel kam. Darin schubste er sich zur Luke auf der gegenüberliegenden Seite und drückte sich hindurch. Weitere Regale mit Pflanzen warteten hier auf ihre Befreiung aus ihrer Wandhalterung. Im Segment 2 angekommen, wo nun auch die letzte der grünen Wände losgemacht war, drehte er um und hangelte sich zurück zum Längstunnel. Darin machte er nun einen Schwenk nach rechts, und hangelte sich an der oben liegenden Leiter weiter ins Schiffsinnere, bis er zu einer Luke kam, die nach links zur inneren Ebene des Segment 6 führte. Gleich dahinter war seitlich ein großer würfelförmiger Behälter. Es war etwas dunkel in dieser Ebene, weshalb man die Anschlüsse und die Füllöffnung des Bioreaktors nicht direkt erkennen konnte. Hansen tastete seitlich daran entlang, um einen Sperrhebel zu finden, der den mittig aufgehängten Körper von der ungewollten Drehung zur Außenwand abhielt.*

*Jetzt, wo auch diese Handlung nun abgeschlossen war, bemerkte Hansen, dass ihm etwas schwindelig wurde. Umso mehr beeilte er sich, um an der Brennstoffzelle vorbei, bis zum seitlichen Zugang zum Navigationsraum zu kommen. Wieder in der Nähe der Kontrollsysteme zu sein, gab ihm das Gefühl, besser auf unvorhergesehene Situationen reagieren zu können. Er drückte sich seitlich am Anzeigeschirm vorbei und schwebte weiter in Richtung Decke, an der ein zweiter Pilotensitz befestigt war. Als er sich hineingedrückt hatte, legte er sich den Haltegurt an. Noch einmal wollte er nicht so leichtsinnig sein und mit dem Schub arbeiten, ohne zu wissen, welche Auswirkungen dies hatte. Der rechte Bildschirm zeigte immer noch die Sicht nach oben. Die Anzeige lag von diesem Sitz aus flach vor ihm, und er musste sich etwas vorbeugen, um darauf blicken zu können. Als nächstes brauchte er die Hilfe von CLEO ...*

*Da sie die letzten Tage durchgängig geschwiegen hatte, griff er, ohne Worte zu verschwenden, gleich instinktiv zur Tatstatur. Sie hatte die ganze Zeit, das über eine Kamera zu ihr transferierte Bild des Anzeigeschirms, mit eingespeicherten Sternenkarten verglichen. Darin war der Stern Gliese 581 des Sternbilds Waage ausgewählt, weshalb sie den Kurs in den letzten Tagen immer wieder angepasst hatte. Es war nur ein kleiner Stern, der sich im Mittelpunkt des Schirmes befand, der das erste Ziel der langen Reise war. CLEO hatte bereits zuvor einen Plan eingespeichert bekommen, der sie automatisch zu einer Reihe von Sternen führte. Immer zur Hälfte der Flugstrecke zu einem Stern, würde Sie in einen Bremsflug übergehen, und nach Erreichen des relativen Stillstandes, den nächsten Stern anfliegen. Ganz am Ende dieser gigantischen Mission schloss sich der Flugkreis wieder, und würde nach einem Vorbeiflug an der Sonne von neuem beginnen.*

*Die Vorbereitungen waren alle abgeschlossen, und Hansen stellte die Antriebsgondeln auf Rotationsstellung. Durch den gegensätzlichen Schub nach vorne und hinten, wollte er nun die künstliche Schwerkraft einleiten. Er aktivierte mit den Schubreglern den Antrieb, und das Schiff begann sich mehr und mehr zu drehen. Entgegen seinen Erwartungen, warf es ihn in seinem Stuhl nicht zur Seite. Nur ein leichter Zug an seinem Oberkörper, ließ ihn etwas nach links lehnen. Wenige Minuten später, der Schwerkraftmesser zeigte einen Wert von etwas unter 800 Gramm je Kilogramm, aktivierte Hansen mit einem Tastendruck wieder das LCR, ein System, das den zentrierten Planeten des Anzeigeschirms über die Steuerung des Schubes in der Flugrichtung hielt.*

*Hansen wollte jetzt noch die Materiesammlung aktivieren, um den endgültigen Flugzustand zu erreichen. Er legte den Schalter für das Öffnen der Material Collecting Bay um, und es ertönte ein Zischen, welches durch das Drücken von Luft in den Druckzylinder der Öffnungsmechanik entstand. Fünf Sekunden später war alles wieder still. Mit einem weiteren Schalter startete er den statischen Generator zur Aufladung der Fangeinrichtung, und überließ die Anlage dann erst einmal sich selbst.*

Lassen Sie uns bei unserer Beschreibung an der äußeren Schiffshülle, der Outer Structure, beginnen, die eine feste Struktur für alle Um- und Einbauten darstellt. Als Basis für die OS dient ein Aluminium- oder Kohlefaserkunststoffgerüst, welches an allen Schiffskanten entlang verläuft. Das Material für die Rahmenstruktur der OS sollte möglichst leicht und in geringen Toleranzen flexibel sein. Ein Aluminium- oder Kohlefaserkunststoffprofil mit quadratischem Querschnitt, einer Materialstärke von zwei Millimetern und einer Kantenlänge von 10 Zentimetern, sollte die nötige Steifigkeit verleihen. Die Verbindungspunkte der Streben erreichen ihre optimale Festigkeit durch das Verschweißen der einzelnen Auflageflächen.

Um später einen sinnvoll nutzbaren Raum zu erhalten, sind bestimmte Mindestgrößen sowie eine besondere Bauform von Vorteil. Nehmen wir als Basisform ein Achteck, da dieses mit geraden Bauteilen erstellt werden kann. Es weist die Eigenschaften eines Rades auf, die für unsere spätere Nutzung sehr von Vorteil sind. Auf der Erde dient diese Grundfläche für Einbauten und als Lauffläche. Um einen Körper zu konstruieren, der eine für den Menschen bequeme Fortbewegung ermöglicht, sollte die Höhe der senkrechten Außenstreben 2,3 Meter betragen. Im freien Raum - ohne Schwerkraft - hat diese Körperform einen entscheidenden Vorteil: Sie können das Schiff um die Zentrumsachse des Achtecks rotieren lassen, um an den äußeren Seiten eine künstliche Schwerkraft zu erzeugen. Dadurch wird es möglich, im Inneren entlang der Außenseiten zu laufen.

Der Durchmesser des OS-Achtecks sollte so gewählt werden, dass es einem Menschen auch während der Rotationsphase des Raumschiffs möglich ist, sich aufrecht Fortzubewegen. Auch sollten die Außenseiten möglichst weit weg vom Rotationszentrum sein, um die benötigte Rotationsgeschwindigkeit nicht allzu hoch werden zu lassen. Bei einer angenommenen inneren Flurhöhe von 2,4 Metern, kommen wir auf einen Durchmesser von fünf Metern. Damit der Abstand der Außenwände zum Zentrum weiter erhöht wird, planen wir eine zweite Kreisebene von 2,2 Metern ein. Dadurch ergibt sich im rotierenden Schiffszustand eine äußere und eine innere Kreisbahn. Addiert man nun noch die Stärke einer Isolationsschicht, die rundum je circa 20 Zentimeter beträgt, dann ergibt sich ein Gesamtdurchmesser des Achtecks von zehn Metern.

Die obere und untere Deckfläche der OS kann aus Gründen der Stabilität nicht eben erstellt werden. Die Rotationsachse des Achtecks wird deshalb an beiden Enden um 50 Zentimeter herausgeführt und durch waagerechte Streben mit den Achteckpunkten verbunden. Um den Luftwiderstand bei Atmosphärenflügen zu verringern, wird an einer Seitenfläche des Rahmens eine spitz zulaufende Pyramide aus weiteren Rahmenprofilen gebildet. Die Spitze der Pyramide befindet sich zwei Meter von der Fläche entfernt in zentrierter Position. So kann das Schiff nun in acht Segmente aufgeteilt werden, die ausgehend von der Schiffsspitze lokalisiert werden können. Das vordere Segment 1 ist das Wohn- und Kontrollsegment. Die beiden rechts und links anschließenden Segmente 2 und 8 sind Pflanzen- und Antriebssegmente. Die Mittelsegmente 3 und 7 sind reine Pflanzensegmente. Direkt dahinter befinden sich zwei weitere Pflanzen- und Antriebssegmente mit den Nummern 4 und 6. Das hintere Segment 5 ist als Durchgangssegment mit unterschiedlichen Aufgaben gedacht.

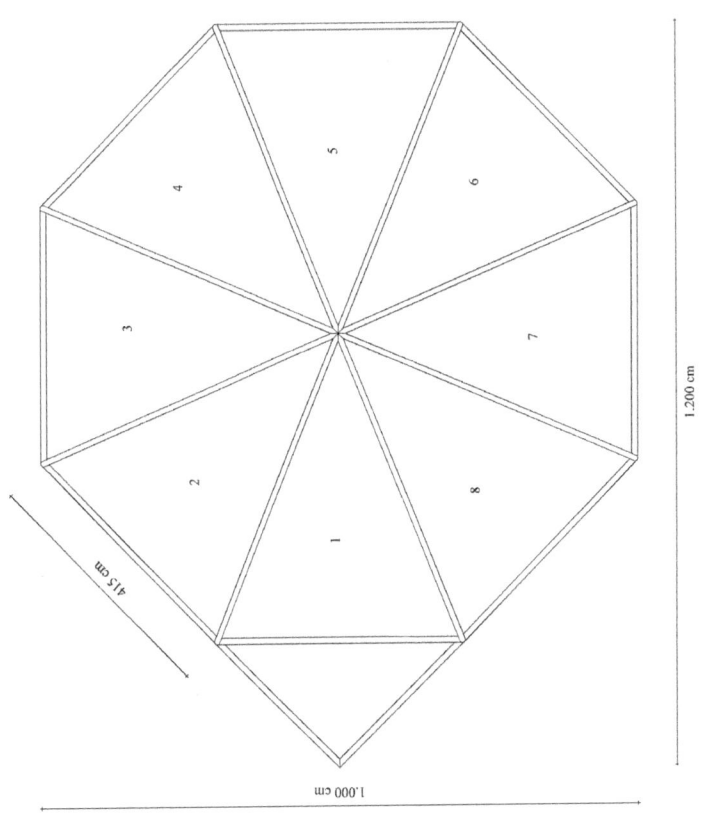

*Abb. 1a: Draufsicht der äußeren Rahmenstruktur*

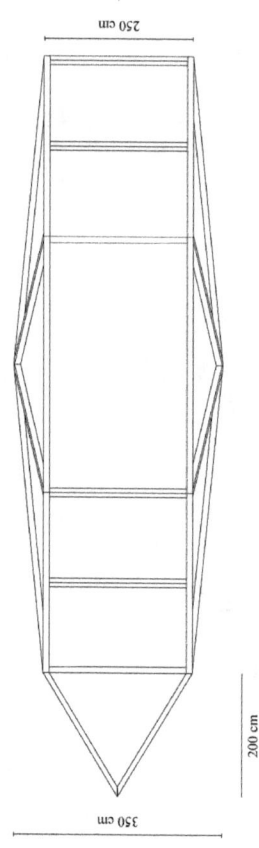

*Abb. 1b: Seitenansicht der äußeren Rahmenstruktur*

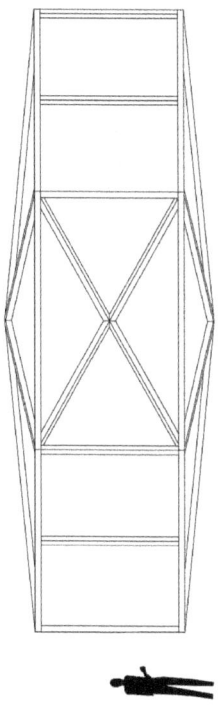

*Abb. 1c: Rückansicht der äußeren Rahmenstruktur*

Für einen stabilen Stand des Schiffes auf der Erde werden an der Unterseite im vorderen Dreieck sowie an den Unterseiten der Dreiecke der Segmente 4 und 6, zwei parallel in Längsrichtung verlaufende Streben als Basis für ein Fahrwerk eingezogen. Ein Abstand von 60 Zentimeter sollte für die Aufnahme der Mechanik ausreichen. Erstellen Sie darauf die inneren Rahmen der Fahrwerkskästen, die eine Höhe von circa 50 Zentimeter und eine Länge von circa 120 Zentimeter benötigen. Die Mechanik der vorderen Fahrwerkstütze sollte zur besseren Mobilität lenkbar ausgelegt werden. Beachten Sie bei der Konstruktion die zu erwartenden Gewichtsbelastungen, die in den folgenden Abschnitten ermittelt werden.

Um die vier Antriebe später befestigen zu können, werden an den senkrechten Außenflächen der Antriebssegmente 2, 4, 6 und 8 noch zusätzliche Streben benötigt. Diese werden senkrecht in die Fläche geschweißt und halbieren sie genau in der Mitte.

Mit dem weiteren Aufbau legen wir nun die innere Struktur an, die aus einem Zentraltunnel und einem Längstunnel besteht. Wir erstellen eine Einbuchtung an der Oberseite von Segment 5 und fügen die Zwischenebene für die Trennung der Bahnebenen ein. Abschließend erstellen wir innerhalb des tragenden Rahmens kreuzweise weitere Verstrebungen, um eine Auflage für die innere Verkleidung zu erhalten.

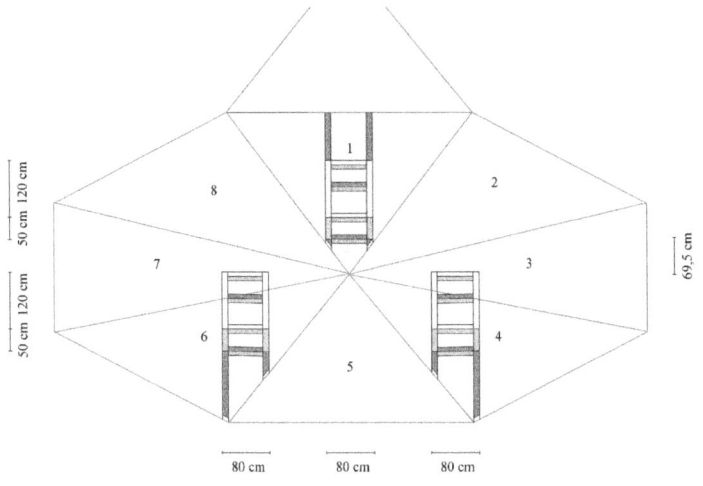

*Abb. 2: Anordnung des Fahrwerks*

Als Material für die innere Struktur kommt wieder Aluminium oder Kohlefaserkunststoff zum Einsatz, diesmal mit einer doppel-T Form und einer Materialstärke von zwei Millimetern. Zusätzlich kann der Mittelsteg des Profils gelocht sein, um die Luftzirkulation zu ermöglichen und Gewicht einzusparen.

Der Zentraltunnel, der als erstes angelegt wird, verläuft entlang der Rotationsachse und hat einen Durchmesser von 80 Zentimetern. Die doppel-T Profile sind senkrecht an den Rahmenprofilen anzuschweißen. Das Profil zeigt dabei mit der schmalen Seite zum Tunnelzentrum, um die Stabilität der späteren Tunnelwand zu maximieren. Im Segment 5 werden oben, ausgehend von den äußeren Ecken des Rahmendreiecks, zwei waagrechte Profile bis zum Zentraltunnelprofil geführt. Hierfür wird wieder das für den Rahmen verwendete Profil mit quadratischem Querschnitt verwendet und bündig mit der Unterseite an den Innenecken von Seiten- und Deckfläche verbunden. Die inneren Enden der Profile werden, zusammen mit den beiden senkrechten Zentraltunnelstreben, über ein waagrechtes Rahmenprofil verschweißt. Durch diese Konstruktion wird die Einbuchtung zur Aufnahme der Materiesammlung MCB fertig gestellt.

Als nächstes wird die Trennung der Kreisbahnen um das Rotationszentrum erstellt. Ausgehend vom oberen und unteren Rahmenprofil werden senkrechte doppel-T Profile mit einem Abstand von 2,60 Meter parallel zum Außenrahmen eingeschweißt. Die schmalen Profilflächen zeigen dabei wieder zum Schiffsmittelpunkt. Im Segment 5 können diese Profile an den waagrechten Trägern der MCB angeschweißt werden.

Um den Längstunnel anzulegen, der künftig auch als Luftschleuse dienen könnte, werden zunächst an der hinteren Außenfläche des 5. Segments zwei doppel-T Profile senkrecht in den Rahmen geschweißt. Der Abstand zwischen den Profilen, die mit der schmalen Seite zum Schiffsmittelpunkt zeigen, beträgt 70 Zentimeter. Die Öffnung zwischen den Profilen ist mittig im Rahmen angeordnet. Von den oberen und unteren Profilenden ausgehend, werden vier waagrechte Träger, schmale Seite nach oben, parallel bis zum Zentraltunnel geführt und verschweißt.

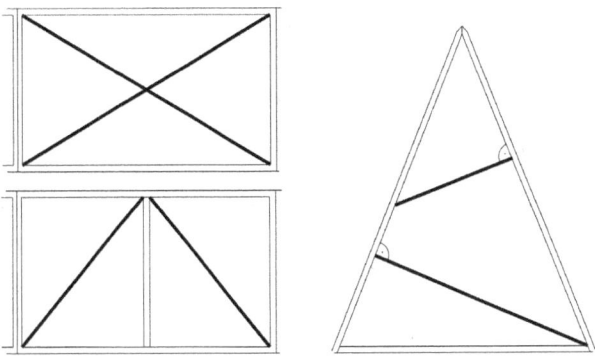

*Abb. 3: Verstrebungen in der Rahmenstruktur*

Im nächsten Schritt werden gelochte doppel-T Profile kreuzweise in den Rahmen eingeschweißt. Dabei wird das Profil immer so eingesetzt, dass eine ebene Innen- und Außenfläche entsteht, und die Profillöcher rechtwinkelig zur Fläche sind. Bei den rechteckigen Außenflächen der Segmente 1 und 5 werden die Ecken diagonal verbunden. Die bereits durch ein Rahmenprofil senkrecht geteilten Außenflächen der Antriebssegmente 2, 4, 6 und 8 werden in jeder Teilfläche durch eine diagonale Strebe verstärkt. Bei den dreieckigen Deckflächen verbindet man jeweils den linken und rechten Schenkel über ein rechtwinkelig angeschweißtes Profil mit der Gegenseite. In den Trennflächen der beiden Kreisbahnen sind ebenfalls kreuzweise Träger einzuziehen, um eine Auflagefläche für die Wandverkleidung zu erzeugen.

Beim letzten Schritt bei der Rahmenkonstruktion schweißen wir bei allen oberen Segmentrahmen der äußeren Ebene einen 1,5 Meter langen Beetträger mit 45 Grad Neigung ein. Das Lochprofil wird hierfür hochkant verwendet und oben mit dem äußeren Rahmen und seitlich mit der Strebe der Kreisbahntrennung verbunden. In Segment 5 kann ein Träger halbiert und für beide Seiten verwendet werden, um die geringere Segmenthöhe durch die MCB zu berücksichtigen. Diese Träger versteifen die Gesamtkonstruktion und werden im folgenden Kapitel zusätzlich als Auflagepunkt für schwenkbare Beetregale benötigt.

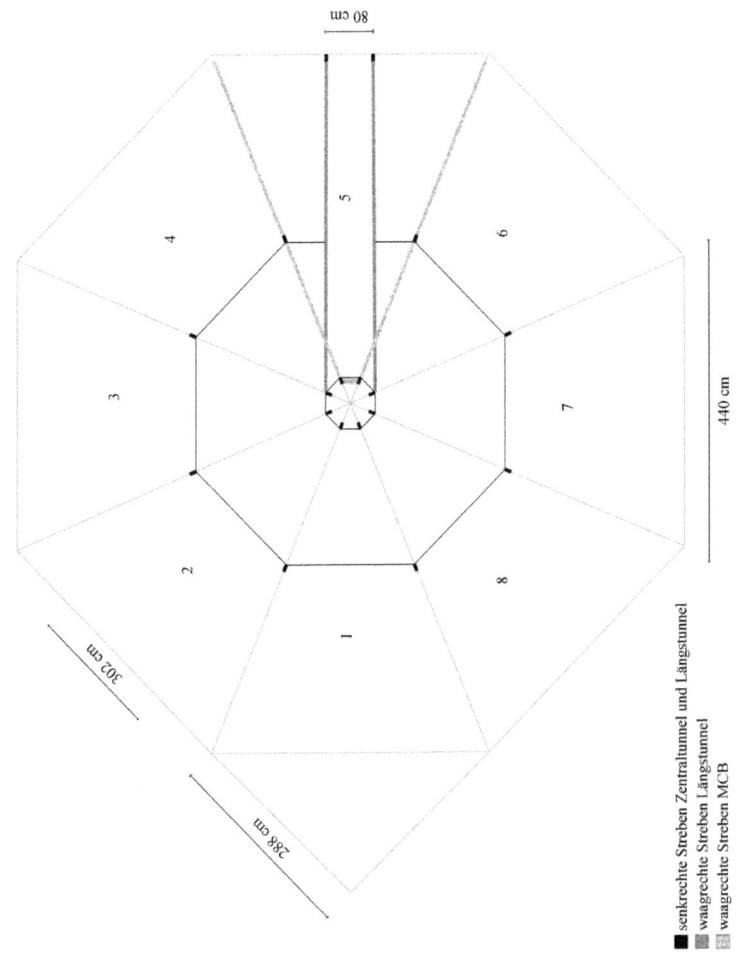

*Abb. 4a: Draufsicht der inneren Rahmenstruktur*

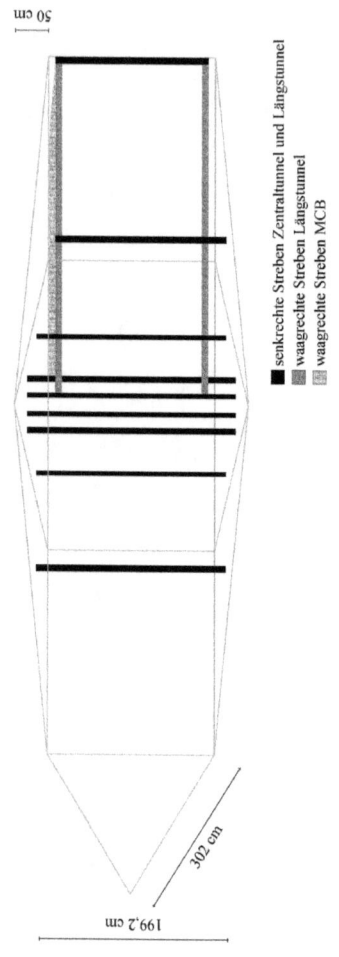

*Abb. 4b: Seitenansicht der inneren Rahmenstruktur*

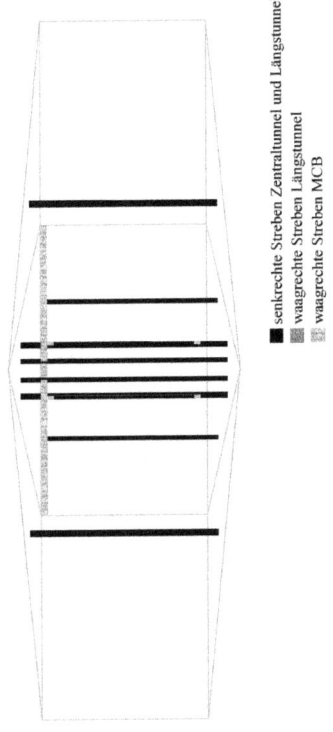

*Abb. 4c: Rückansicht der inneren Rahmenstruktur und der MCB*

Für den weiteren Aufbau ist die äußere Verkleidung vorgesehen. Das Material Aluminium oder Kohleverbundfaser, mit einer Materialstärke von zwei Millimetern, kann - wie auch die Streben – miteinander verschweißt werden. Zusammen mit der Rahmenkonstruktion wird so eine optimale Festigkeit erreicht. Zugleich wird eine luftdichte Hülle geschaffen, die nur von einer zentralen Luke und wenigen Leitungsöffnungen durchbrochen wird. Es sind keine weiteren Öffnungen, wie beispielsweise Fenster oder Luken vorgesehen, um die Risiken für einen Druckverlust möglichst gering zu halten. Ein Drucktest ist nach der erfolgten Verschweißung der Hüllen sinnvoll, um den Druckerhalt auch für lange Dauer sicherzustellen.

Die äußeren Flächen sowie die Flächen der MCB benötigen auf der Innenseite eine zweite Verkleidung, um das Schiffsinnere gegen Kälte, Hitze und Strahlung zu schützen. Diese wird auf den Rahmen verschweißt und bildet zusammen mit der Außenverkleidung einen Hohlraum. Eine Besonderheit ist hier, dass nach Anbringung der Innenverkleidung jedes Segments, im Bereich der oberen und unteren Außenwand, zwei innen liegende Verbindungen zur Seitenwand erstellt werden müssen. Benötigt wird diese Verbindung für die spätere Luftzirkulation in den Segmenthohlräumen, wobei die Strömungsrichtung durch jede Fläche diagonal verlaufen sollte. Von der oberen Spitze des Segments ausgehend, strömt die Luft quer entlang der äußeren Wandfläche bis hinab zur unteren Segmentspitze. Die Rahmenprofile dürfen bei diesen Verbindungen nicht zur Durchführung des Luftstromes benutzt werden, um deren Stabilität nicht zu beeinträchtigen. Zunächst werden in die innere

Verkleidung je zwei Löcher mit einem Durchmesser von 80 Millimeter gebohrt und anschließend mit einem 90 Grad gebogenen Aluminium- oder Kunststoffrohr miteinander verbunden. Zur späteren Verbindung der Segmentflügel untereinander, sind oben und unten an jedem Segment zwei weitere Rohrstücke mit 80 Millimeter Durchmesser vor der Wand des Zentraltunnels anzubringen.

Die Wände des Zentraltunnels und der Längstunnels werden ebenfalls verkleidet. Zur Verbindung der Segmente 4 und 6, erhält der Längstunnel auf der äußeren Ebene zwei Luken in mittiger Höhe. Eine Aluminiumleiter führt an der Decke von der Außenwand bis zum Zentraltunnel. Weitere Luken werden an der Außenwand von Segment 5 und zum Zentraltunnel angebracht.

Die Lauffläche der inneren Zwischenebene wird auf der zum Schiffsmittelpunkt zeigenden Seite mit dem Verkleidungsmaterial belegt und verschweißt. Anschließend ist in Segment 1, in der - von außen gesehen - linken oberen Ecke, eine Öffnung zwischen der äußeren und inneren Ebene zu erstellen. Diese wird über eine Aluminiumleiter an der Decke zusätzlich verbunden. Weitere Wände, die keine weiteren tragenden Strukturen benötigen, werden an beiden Seiten des Segments 1 eingezogen. Die Wand zu Segment 8 wird mit einer Öffnung versehen, die durch eine einfache Tür verschlossen werden kann. Auf der inneren Ebene dieses Segments sind ebenfalls Wände zu beiden Seiten einzusetzen. Eine einfache Tür führt auch hier zum Segment 8 der inneren Ebene.

Nutzen wir die zuvor beschriebene Bauform, so können die nachfolgenden Materiallisten als ungefähre Kalkulationsbasis dienen. Das Material ist entweder Aluminium oder Kohlefaserkunststoff mit je einer Stärke von zwei Millimetern.

*Tab. 1a: Materialliste äußerer Rahmen*

Rahmenprofil 10 Zentimeter x 10 Zentimeter:

| | |
|---|---|
| 16 x Außenstrebe waagrecht; 4,15 Meter | 66,4 Meter |
| 8 x Stützstrebe senkrecht; 2,30 Meter | 18,4 Meter |
| 16 x Deckstrebe; 5,44 Meter | 87,1 Meter |
| 4 x Spitzenstreben; 3,141 Meter | 12,6 Meter |
| 4 x Tragestrebe Antrieb; 2,5 Meter | 10,0 Meter |
| 2 x Deckenstreben MCB; 5 Meter + 0,5 Meter | 11,0 Meter |
| 2 x Fahrwerkstreben vorne; 5 Meter | 10,0 Meter |
| 4 x Fahrwerkstreben hinten; 2,5 Meter | 10,0 Meter |
| Gesamt | 225,5 Meter |

*Tab. 1b: Materialliste innere Struktur*

Doppel-T Profil 5 Zentimeter x 10 Zentimeter, gelocht:

| | |
|---|---|
| 8 x Zentraltunnel senkrecht; ca. 3.5 Meter | 28,0 Meter |
| 8 x Zwischenebene senkrecht; 3,02 Meter | 24,2 Meter |
| 2 x Längstunnelportal senkrecht; 2,5 Meter | 5,0 Meter |
| 4 x Längstunnel waagrecht; 5 Meter | 20,0 Meter |
| 13 x Außenstreben klein Decke; 1,37 Meter | 17,8 Meter |
| 13 x Außenstreben groß Decke; 2,78 Meter | 36,1 Meter |
| 6 x Kreuzstreben Segm. 1, 3, 7; 4,84 Meter | 29,0 Meter |
| 8 x Kreuzstreben Segm. 2, 4, 6, 8; 3,25 Meter | 26,0 Meter |
| 14 x Ebenenboden kreuzweise; 3,62 Meter | 50,7 Meter |
| 2 x Längstunnel kreuzweise; 5,8 Meter | 11,6 Meter |

| | |
|---|---|
| 2 x Spitze oben/unten; 2,76 Meter | 5,5 Meter |
| 8 x Träger für Beetregale; 1,5 Meter | 12,0 Meter |
| **Gesamt** | **265,9 Meter** |

*Tab. 1c: Materialliste Außenverkleidung*

Fläche zur Außenverkleidung:

| | |
|---|---|
| 15 x Deckenflächen waagrecht; 10,41 qm | 156,2 qm |
| 1 x Deckenfläche MCB innen waagrecht | 10,4 qm |
| 2 x Seitenfläche MCB senkrecht; 1,4 qm | 2,8 qm |
| 1 x Abdeckung MCB; 10,41 qm | 10,4 qm |
| 8 x Außenflächen senkrecht; 10,275 qm | 82,2 qm |
| 2 x Spitze waagrecht; 6,5 qm | 13,0 qm |
| 2 x Spitze senkrecht; 3,9 qm | 7,8 qm |
| 8 x Zwischenebene senkrecht; 6 qm | 48,0 qm |
| 1 x Zentraltunnel senkrecht; 8,8 qm | 8,8 qm |
| 2 x Längstunnel senkrecht; 15 qm | 30,0 qm |
| **Gesamt** | **369,6 qm** |

*Tab. 1d: Materialliste Innenverkleidung*

Fläche zur Innenverkleidung:

| | |
|---|---|
| 15 x Deckenflächen waagrecht; 10,17 qm | 152,5 qm |
| 1 x Deckenfläche MCB waagrecht | 10,4 qm |
| 2 x Seitenfläche MCB senkrecht; 1,4 qm | 2,8 qm |
| 7 x Außenflächen senkrecht; 9,08 qm | 63,6 qm |
| 2 x Spitze waagrecht; 6,5 qm | 13,0 qm |
| 2 x Spitze senkrecht; 3,9 qm | 7,8 qm |
| 2 x Innenwand äußere Ebene Segment 1 | 8,1 qm |
| 2 x Innenwand innere Ebene Segment 1 | 7,0 qm |
| **Gesamt** | **265,2 qm** |

Um das Gewicht der OS grob zu kalkulieren, ist die gesamte Materialfläche mit der Materialstärke 0,002 Meter zu multiplizieren. Daraus ergibt sich ein Materialvolumen von circa 1,51 Kubikmeter. Bei der Materialdichte von Aluminium, mit 2.700 Kilogramm je Kubikmeter, ergibt sich ein Gewicht von 4.077 Kilogramm. In Sachen Materialforschung ist hier aber noch einiges an Spielraum. Das Material Kohlefaser hat beispielsweise eine spezifische Dichte von 1.800 Kilogramm je Kubikmeter, was bei einer vollständigen Realisierung mit diesem Material einem Schiffsgewicht von nur 2.718 Kilogramm entspricht.

Als weitere Öffnungen durch die Außenwand sind noch einige Kabel- und Leitungsdurchführungen erforderlich. Diese müssen mehrfach druckdicht mit der Außenwand verbunden sein und Steuerungs- sowie Energiekabel umfassen. Auch sind bei jeder Durchführung drei hitzebeständige Druckleitungen, mit einem Durchmesser von circa einem Zentimeter, vorzusehen. Planen Sie eine Leitungsdurchführung am Zentraltunnel in Richtung Segment 1 und je Antriebssegment eine zentrierte Leitungsdurchführung nach außen ein. Für jeden der Fahrwerkskästen wird ebenfalls eine Durchführung benötigt.

Eine etwas größere Öffnung durch die Hülle wird für einen Materie-Fallschacht mit angeschlossener Schleuse benötigt. Dieser wird auf der inneren Ebene im Segment 5 - zum Rotationszentrum hin gesehen links – angebracht und geht hinaus in die Deckenfläche der MCB. Benutzen Sie für den Fallschacht ein circa 30 Zentimeter langes Stück des 10 x 10 Zentimeter Rahmenprofils.

Dieses wird am außen liegenden Ende schräg, mit 45 Grad von beiden Profilkanten kommend, zur Hälfte eingeschnitten, und erhält so einen dreieckigen Ausschnitt mit 90 Grad im Profilmittelpunkt. Die innen liegende Öffnung wird mit einem Abschlussdeckel versehen, an den später während des weiteren Ausbaus, eine Schleuse angeschlossen wird. Das vorbereitete Profil wird mit 45 Grad Neigung in einen Durchbruch der Deckenfläche geschweißt. Dieser Durchbruch liegt - auf der MCB-Außenseite - 10 Zentimeter vor der Zentraltunnelwand und schließt seitlich entlang der Wandfläche der MCB bündig ab. Das äußere Profilende zeigt dabei in Richtung Rotationszentrum und wird soweit in die Öffnung geschoben, dass die waagerechte Kante des Ausschnitts eben mit der Außenfläche abschließt.

Die Gefahren durch Strahlung und Temperatur im freien Raum sind indes noch größer, als dass die bisherige Isolations- und Schutzschicht ausreichend wäre. Die inneren Flächen der Außenhülle müssen noch zusätzlich ausgestattet werden. Zum Schutz vor Strahlung soll eine Schicht mit abwechselnd Aluminium, Kunststoff und gegebenenfalls weiteren Metallen dienen. Dieser Aufbau lehnt an die Konstruktion der Hülle eines Raumanzuges an, nur dass zusätzliche Schichten als Sicherheitsreserve hinzugefügt werden. Die Lagen werden schichtweise auf die innere Oberfläche aufgeklebt, und sie können zusammen eine Stärke von bis zu fünf Zentimetern betragen. Aktuell sind zehn abwechselnde Lagen aus Aluminiumfolie und Kunstharz-Kunststoff vorgesehen, wobei die zu belegende Fläche circa 253 Quadratmeter je Schicht beträgt.

Zur OS gehört auch das Fahrwerk, das jetzt sinnvollerweise angebracht wird. Wird die Außenwand beziehungsweise das Rahmengerüst aus Aluminium gefertigt, so kann die einziehbare Konstruktion direkt in jedem Fahrwerkskasten durch Schweißen oder Schrauben angebracht werden. An der Längsseite der Öffnungen werden Deckklappen mit Scharnieren befestigt, die durch das Einziehen des Fahrwerks automatisch den Fahrwerkschacht verschließen.

Als abschließender Test der Hülle ist ein weiterer Drucktest sinnvoll. Hier können auch die Luken und Leitungsdurchführungen auf Dichtheit getestet werden. Da sich die Konstruktion während eines Raumfluges um die innere Achse drehen soll, ist es ebenfalls erforderlich, die gleichmäßige Verteilung der Massen zu prüfen. Damit dieser Test erfolgen kann, muss das Schiff am Schiffszentrum entweder von unten über eine Unterlage oder von oben mittels einer Kette angehoben werden. Während des späteren Ausbaus kann die Gewichtsverteilung weiter sporadisch geprüft werden, um eventuelle Abweichungen durch eine angepasste Anordnung der Einbauten auszugleichen.

Die äußere Hülle ist aber nur ein Teil der Gesamtkonstruktion. Im nächsten Kapitel werden wir uns etwas näher mit den Lebenserhaltungssystemen des Schiffes beschäftigen.

## *Kapitel Life Systems*

*Beim Aufstehen aus seinem Pilotensitz bekam Hansen ein komisches Gefühl. Alles im Navigationsraum hatte sich seit dem Rotationsmanöver um 90 Grad gedreht, und die Tür zu Segment 8 lag plötzlich quer, mitten in der Wand. Aus dem Anzeigeschirm war ein kleiner Tisch geworden, auf dem sich die Sterne wild, wie in einem Karussell, drehten. Bevor er den Navigationsraum verließ, aktivierte er noch CLEOs Rotationsflugprogramm, um die Schiffssysteme in ihre Überwachung zu geben. Irgendetwas musste sie beschäftigen, sonst hätte sie schon längst ein Wort gesagt. Stattdessen ging sie schweigend ihren Kontrollpflichten nach, und kümmerte sich nicht weiter um Hansen. Er hätte sich gerne einmal mit jemandem über die Qualität des Manövers unterhalten.*

*Nachdem er über die Leiter, an der nun am Boden liegenden Öffnung, in den Wohnraum hinabgestiegen war, schaute er kurz hinaus zu den Pflanzbeeten. Sie hatten sich wie vorgesehen während des Rotationsmanövers geschwenkt und bildeten wieder eine grüne Wand, die in vier Metern Entfernung weiter nach oben verlief. Er aß ein paar Bissen, füllte sich einen Becher Wasser und machte sich daran, sein Bett herzurichten. Beim Aufschrauben der oberen Bettbefestigungen merkte er schließlich, wie ihn die Müdigkeit überkam. Dann lag er endlich im Bett und lauschte dem leisen Rauschen der Lüftung, die unentwegt für die Luftbewegung im Schiff sorgte. Hansen war nun schon mehr als 30 Tage im All. Bislang verliefen diese recht schnell, denn immer wieder hatte er etwas zu tun. Er pflegte die Beete, erntete, entleerte den Bioreaktor und prüfte die Umwelt- und Flugkontrollen. Wie wird es nun aber weitergehen? Sein Flugkurs war vorherbe-*

*stimmt, und aller Voraussicht nach, gab es die nächsten 100 Jahre keine größeren Aufgaben für ihn. Ihm kamen die letzten Tage immer wieder Gedanken an Robinson Crusoe und seine kleine Insel. Er war nun Robinson, und CLEO war der freundliche Freitag.*

*Es war vier Jahre zuvor, als er Post nach Hause bekam. Er wohnte in einem kleinen Städtchen in der Nähe von Kiel und hatte einen Job in einer Gärtnerei. Sein Leben war nichts besonderes, und als mit seiner Mutter die letzte Familienangehörige starb, zog er sich mehr und mehr zurück. Alles und jeder schienen ihn anzugreifen, und am liebsten wäre er mit seinem Kummer nie mehr aus dem Haus gegangen.*

*Der Brief sah förmlich aus, und er dachte daran, ob er irgendwelche Rechnungen nicht bezahlt hätte. Aber nachdem er ihn geöffnet hatte, stand darin etwas völlig anderes. Etwas, das sein Leben für immer verändern würde:*

*„Sehr geehrter Herr Hansen,*

*in der Nachlasssache Tobias Hansen, zuletzt wohnhaft in Kandel/Pfalz, möchten wir Sie davon in Kenntnis setzen, dass Sie testamentarisch berücksichtigt worden sind.*

*Zur Verkündung des Testaments möchten wir Sie gerne am 30.01.2013 um 10 Uhr, in unsere Geschäftsstelle in Karlsruhe einladen.*

*Bitte geben Sie uns bis zum 15.12.2012 Bescheid, ob Sie zu dem genannten Termin anwesend sein können.*

*Mit freundlichen Grüßen*
*Notare T. & F. Brügge"*

*Wer war Tobias Hansen? Diesen Namen hatte er nie zuvor gehört. Seine eigene Familie gab es nicht mehr, und von fernen Verwandten wusste er nichts. Vielleicht war er ein Onkel seines Vaters? Denn sein Vater selbst hatte keine Brüder, aber vielleicht sein Großvater. Alles in allem fand er es verblüffend, wie er von jemandem beerbt werden konnte, den er noch nicht einmal kannte.*

*Da ihn der Inhalt des Testaments interessierte, nahm er sich für diesen Tag frei und fuhr mit dem Zug die lange Strecke nach Karlsruhe. Ausgestattet mit einem Musikspieler, konnte er während der Fahrt die anderen Fahrgäste ignorieren. Seinen Sitznachbarn hielt dies aber nicht von einem Gespräch ab. Erst als er sich schlafend stellte, hatte er wieder Zeit für sich und seine Gedanken.*

*Die Reise dauerte etwas mehr als sieben Stunden, dann stand er endlich vor dem Notargebäude in Karlsruhe. An der Information fragte er zunächst nach dem Weg zum angegebenen Zimmer. Im Büro angekommen waren dort nur ein Notar und sein Gehilfe anwesend. „Guten Tag Herr Hansen, mein herzliches Beileid." begrüßte ihn der Notar und gab ihm die Hand. „Dann sind wir vollzählig." fügte er noch abschließend hinzu. Für Hansen war es das erste Mal, dass er etwas erbte. Mit Geld oder Wertsachen könnte er gut etwas anfangen, aber was, wenn er nur Plunder erbte? Er hatte naturgemäß etwas gegen Sachen, die Fingerspuren von Fremden enthielten. In diesem Fall würde er wohl auf das Erbe verzichten.*

*Nach einigen einführenden Worten kam der Notar auf den Punkt: „Sie wurden mit einem Schiff beerbt." Hansen stellte sich augenblicklich die Frage, wo denn in dieser Ecke Deutschlands wohl ein Schiff vor Anker liegen könnte. Hatte er vielleicht einen Kahn auf dem Rhein geerbt? Die Adresse jedenfalls hätte ihn stutzig machen müssen, denn sie lag mitten in der Stadt Kandel.*

*Bei der angegebenen Hausnummer stand eine große Scheune. Die Bretter des oberen Drittels waren ringsum mit Zwischenräumen angebracht, wohl um Licht und Luft in das Innere zu lassen. Die Scheune war in einem erbärmlichen Zustand. Das Dach konnte nicht mehr wirklich dicht sein, und wenn hier tatsächlich ein Schiff eingelagert war, hätte es bestimmt einen ordentlichen Schaden. Hansen hatte es gereizt, ein Schiff zu besitzen. Schließlich wohnte er in Meeresnähe, und so könnte er, nach seiner Instandsetzung, ab und zu der realen Welt des Festlandes entkommen. Sobald es ihm möglich wäre, würde er mit einem Auto kommen und den Schiffsanhänger nach Hause schleppen.*

*Das Schloss an der Kette war fast nicht mehr zu öffnen. Tobias Hansen, der tatsächlich ein Onkel seines Vaters war, muss wohl ein Bauer gewesen sein, und hier hatte er seine Maschinen und Traktoren untergestellt. Die Scheune selbst gehörte einem Bauern im Ort, bei dem er zuvor den Schlüssel abholen musste. Die Kette an der Tür rasselte nun endlich zu Boden und Hansen konnte die Tür ein wenig aufziehen. Nachdem er seinen Kopf durch den Spalt gedrückt hatte, erblickten seine Augen allerdings keinen Schiffsanhänger, sondern etwas Seltsames aus silbernem Metall. Es war „das Schiff".*

*Lange Zeit hatte er benötigt, um sich in die Studien von Tobias Hansen einzuarbeiten. Er war ein Forscher gewesen, das stand fest. Aber keiner der herkömmlichen Sorte, mit Labor oder Fernrohr. Vielmehr hatte er versucht, seine Ideen praktisch zu verwirklichen, und es muss ein Lebenswerk gewesen sein, dieses Schiff zu entwerfen und zu bauen. Hansen ließ sich auf die Ideen seines Verwandten ein. Der*

*Traum des eigenen Schiffes war hier zwar ein anderer, aber dieser faszinierte ihn noch um vieles mehr, denn nur er allein hatte die Zügel dafür in der Hand. Dieses Schiff war die endgültige Antwort auf alle Fragen, die sich Hansen in der Vergangenheit über sein Leben gestellt hatte. Für einzelne Menschen hatte er nichts mehr zu geben, aber für die gesamte Menschheit, würde er beweisen können, was in ihm steckt. Die Fertigstellung der universellen Botschaft an alle Wesen, sollte ihm mehr eine Erfüllung sein, als eine Aufgabe.*

Da er immer mehr Zeit für seine Forschungen benötigte und deshalb immer öfter und länger in Kandel blieb, wurde bald klar, dass sein altes Leben im Norden nicht so weitergehen konnte. Längst hatte er selbst die Scheune des Bauers gemietet und wohnte während seiner Arbeit an Bord des Schiffes. Um aber völlig unabhängig vom irdischen Geld zu werden, musste er seine ganze Versorgung sicherstellen und deshalb die komplette Symbiose mit dem Schiff eingehen. Nachdem zunächst die Stromversorgung von außen hergestellt war, konnte er die Pflanzenbeleuchtung der Beetregale aktivieren. Er wollte versuchen, ob die vorgesehenen Pflanzen in der eingebrachten Erde gediehen. So erstellte er einen Bewirtschaftungsplan für die Flächen und begrünte nach und nach die äußere Ebene des Schiffes. Er befüllte den Bioreaktor mit den Pflanzenabfällen und konnte so bald die interne Energieversorgung herstellen. Alle weiteren Systeme nahm Hansen während einiger Monate in Betrieb, bevor er letztendlich seinen Job im Norden kündigte und seine Wohnung aufgab. Seine Nahrung würde er nun fortan aus der Schiffsbepflanzung erhalten ...

Als elementare Bausteine für das Leben sind Atemluft, Wasser und Nahrung unverzichtbar. Die Auslegung der hierfür benötigten Systeme soll so bemessen sein, dass ausreichende Reserven für die Versorgung eines Menschen vorhanden sind. Da während eines lange dauernden Raumfluges keine Möglichkeit besteht, neue Versorgungsgüter aufzunehmen, sind alle Komponenten der Lebenserhaltung in einem biosphärischen Kreislaufsystem miteinander verbunden. Als Hauptbestandteil der Lebenserhaltung dienen Pflanzen, die nicht nur Kohlendioxid über die Photosynthese in Sauerstoff umwandeln, sondern auch die Versorgung mit Nahrung sichern. Es versteht sich von selbst, dass wir im begrenzten Schiffsraum keine große Plantage anlegen können. Deshalb ist die Auswahl der geeigneten Pflanzen entscheidend für den Erhalt des biologischen Gleichgewichts. Die hier noch zu erbringenden Forschungstätigkeiten betrachten in erster Linie die Effizienz der Sauerstoffbildung und die Qualität der Biomasse zur Ernährung. Auch dürfen bei der Vergärung der Pflanzenbestandteile keine giftigen Faulgase, wie beispielsweise Schwefelwasserstoff, entstehen.

Wie werden die Pflanzen nun im Schiff untergebracht? Speziell hierfür sind die äußeren Ebenen der Segmente 2, 3, 4, 6, 7 und 8 vorgesehen. In jedem dieser Segmente wird ein Beetregal schwenkbar auf einer Achse installiert, um den Pflanzenanbau auch in der Schwerkraft des Rotationsfluges zu ermöglichen. Die Beetregale bestehen aus Aluminium- oder Kunststoffbeeten, die in einem rechteckigen Rahmen befestigt sind. Die Breite des Rahmens beträgt circa drei Meter, was der Länge einer Trennwand zwischen innerer und äußerer Segmentebene entspricht. Die Rahmenhöhe wird mit 195 Zentimeter und die Tiefe mit circa 70 Zentimeter bemessen. Darin werden sechs Pflanzentröge übereinander mit gleichem Abstand befestigt. Der Regalrahmen ist aus Verkantprofilen zusammengeschweißt und hat an der Oberseite eine quer verlaufende Achse durch das obere Beetprofil. An den Seiten steht diese etwas über, um sie drehbar an den Trageprofilen des Schiffsrahmens befestigen zu können. Zur Auflage der Beetachsen wurden während des Rahmenaufbaus acht Stücke gelochten Rahmenprofils, mit circa 1,42 Meter Länge, schräg in die Innenseite der Segmente geschweißt. Hierauf befestigt man die Lager für die Beetachse leicht nach unten versetzt, um die Beete aus ihrer senkrechten Position nach oben in die Waagerechte schwenken zu können. Bei der späteren Einleitung des Rotationsmanövers geschieht dies automatisch durch die einsetzende Schwerkraft nach außen. Zur Sicherung der Beete sind am unteren Beetrahmen Verschlüsse zur OS vorzusehen, die diese sowohl in der senkrechten als auch in der waagrechten Position sichern.

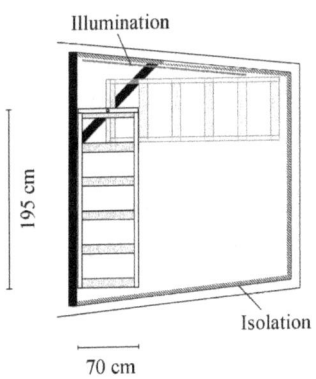

*Abb. 5: Querschnitt durch eines der Pflanzenbeete*

Entscheidend für das Wachstum der Pflanzen ist die Beleuchtung der Beete. Eine Nutzung der Sonne fällt aufgrund der Kapselbauweise des Schiffes aus. Eine besondere Herausforderung der künstlichen Beleuchtung ist nun, dass die eingesetzten Leuchtmittel während eines Raumfluges nicht ersetzt werden können. So ist wieder die Forschung gefragt, um theoretisch unendlich ausdauernde Leuchtmittel, mit elektrischer Versorgung, bereitzustellen. Die Positionierung der Leuchtmittel in den Pflanzensegmenten erfolgt entweder zentral an der oberen Deckenseite des Segments, oder es werden einzelne Leuchtkörper über den Beeten angebracht.

Sofern eine maschinelle Bewirtschaftung der Beete möglich ist, so ist deren Nutzung zwar komfortabler als eine manuelle Bepflanzung, aber ist diese Installation nicht unbedingt erforderlich. Auch Robinson Crusoe hat täglich die Felder seiner Insel bearbeitet! Mit der vorgesehenen Anzahl von Beeten kommen wir auf eine Anbaufläche von circa 75,6 Quadratmeter. Hierfür ist ein zyklischer Bewirtschaftungsplan zu entwerfen, der eine ausreichende Pflanzenmenge sichert und genügend Kapazitäten zur Herstellung von Saatgut bereitstellt. Durch praktische Tests kann dieser Plan nach und nach weiter optimiert werden.

Das nächste lebenswichtige Element, das wir in das Schiff einbringen, ist Wasser. Knapp 200 Liter sollten zur Versorgung aller Bereiche ausreichend sein. Der Wasservorrat wird durch vier kleinere Tanks auf mehrere Segmente verteilt. Mittels Pumpen kann so während des Rotationsfluges eine ungleichmäßige Gewichtsverteilung ausgeglichen werden. Auf der inneren Ebene der Segmente 2, 4, 6 und 8 sind Kunststoffbehälter für je 50 Liter Wasser untergebracht. Diese werden in Richtung der aufsteigenden Segmentnummern als Wassertank 1 – 4 bezeichnet. Jeder Tank ist mit einem Füllstandssensor, einer Reinigungsöffnung und zwei Pumpen zum Auspumpen versehen. Der Zulauf für die Pumpen befindet sich innerhalb der Tanks nahe der unteren Aussenkante, um auch während des Rotationsfluges die Wasserentnahme zu sichern. Der Ausgang der jeweils ersten Tankpumpe ist mit dem nächsten aufsteigend nummerierten Tank verbunden, um einen ringförmigen Lastenausgleich in alle Richtungen zu ermöglichen. Die Wasserentnahme zum Verbrauch erfolgt grundsätzlich in dem Segment, in dem das Wasser benötigt wird. Dies gilt insbesondere für die Bewässerung der Pflanzensegmente. Zur Entnahme wird die zweite Tankpumpe verwendet, die das Wasser direkt in die angrenzende äußere Ebene fördert. Die benötigte Pumpenleistung braucht bei dieser Anwendung nicht sehr hoch zu sein, weshalb die Langlebigkeit bei der Wahl der Pumpe ausschlaggebender ist. An den Wasserkreislauf sind zusätzlich noch die Luftentfeuchtung sowie ein Bioreaktor und ein Kaltfusionsreaktor angeschlossen, die im Kapitel Energy Supply näher beschrieben werden.

Das geplante Luftzirkulationssystem des Schiffes besteht aus zwei Luftkreisläufen. Der erste Kreislauf dient zur Wärme- und Kälteverteilung in der Schiffshülle. Die Hohlräume der Segment-Außenwände wurden deshalb bereits abwechselnd oben und unten über ein Rohrstück miteinander verbunden. Auf der inneren Ebene werden die einzelnen Segmente miteinander gekoppelt, um einen Kreislauf durch die komplette Außenhülle zu bilden. Der zweite Luftkreislauf entnimmt Luft aus der äußeren Ebene des Segments 8 und gibt diese wieder an die äußere Ebene in Segment 2 ab. Die Leitungen hierfür sind mit einem Kunststoffrohr entlang des Zentraltunnels zu bilden.

Die zentrale Belüftungsanlage befindet sich auf der inneren Ebene des Segments 2. Die Luftbewegung wird für beide Kreisläufe durch zwei senkrecht stehende Turbinen erzeugt, die druckdicht gekapselt wurden, um gegebenenfalls einem Druckverlust in der äußeren Hülle standhalten zu können. Angetrieben werden die Turbinen durch einen Motor, der sich ebenfalls innerhalb des gekapselten Gehäuses befindet. Vor und nach der Turbine der inneren Luftzirkulation ist jeweils eine Einheit zur Luftentfeuchtung angeschlossen. Diese befinden sich in der oberen und unteren Ecke zum Zentraltunnel. Die für die Abkühlung der Luft benötigte Kälte kann hier, direkt am oberen und unteren Rahmenprofil des Zentraltunnels, durch ein angeschweißtes Metallstück gewonnen werden. Das Metall leitet die Kühle in das Gehäuse, durch das die Raumluft geführt wird. Die zweifache Ausbildung der Luftentfeuchtung ist erforderlich, da nur die zur Sonne abgewandte Seite ausreichend kalt wird. Die sonnenzugewandte Seite erwärmt sich durch die Strahlung und ist für die Kältegewinnung somit nicht geeignet.

Das durch die Kondensation gewonnene Trinkwasser wird in einem zusätzlichen Tank gesammelt. Dieser beinhaltet 20 Liter und enthält einen Überlauf zu Tank 1, der sich ebenfalls in Segment 2 befindet.

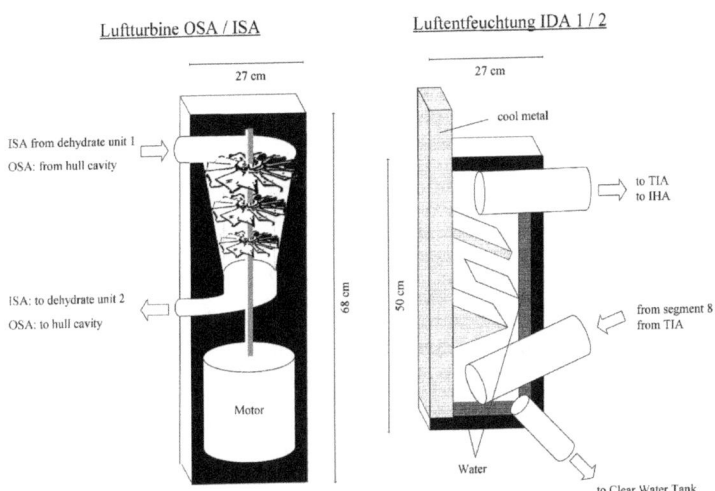

*Abb. 6: Einheiten zur Luftbewegung und Luftentfeuchtung*

Bei Bedarf wird die Flüssigkeit über eine Pumpe, die das Wasser an der unteren äußeren Tankecke entnimmt, in die äußere Ebene des Segments 1 geleitet.

Für die weitere Klimatisierung ist in am Ausgang des inneren Luftkreislaufs noch ein Heizelement eingefügt. Über dieses kann die Raumluft durch elektrische Energie erwärmt werden. Eine mechanische Temperaturregelung über ein Bimetall läuft parallel zu einem elektrischen Sensor, um die Temperatursteuerung bei einem Ausfall der Elektronik sicherzustellen.

Abfallprodukte, wie Fäkalien oder Pflanzenreste, werden im biosphärischen Kreislauf des Schiffs ebenfalls verarbeitet. Um diese verwerten zu können wird ein Bioreaktor erforderlich.

CLEO meldete sich über die Lautsprecher: „Alarm. Der Hüllendruck ist über dem Grenzwert!" Hansen, der gerade wieder seinen täglichen Pflichten für die Pflanzen nachging, nahm es erst mal gelassen: „Was hatte sie gesagt? Weshalb kann er gestiegen sein?"

Er lief in den Wohnraum und kletterte die Leiter zum Navigationsraum hinauf. „Was ist los?" fragte er die Technik. Es kam keine Antwort. Als er sich gerade auf den Pilotensitz niederlassen wollte, roch er die Ursache für CLEOs Meldung. Gas! Dem fauligen Geruch nach, war es Methangas oder eines der Schadgase aus dem Bioreaktor. Hansen handelte sofort, zu gefährlich wäre der Anstieg des Hüllendruckes über die Grenzwerte. Hastig kletterte er wieder die Leiter zum Wohnraum hinab. Das Gas war hier ebenfalls schon mit seinem Ekel erregenden Geruch angekommen. Entlang der äußeren Ebene wurde dieser noch stärker, und als er am Längstunnel ankam, war er sich sicher, dass es ein Leck an einem der Gasbehälter sein musste. Wäre lediglich der Reaktor undicht, würde diese Gasmenge niemals so schnell freigesetzt werden.

Er erklomm an der Leiter die innere Ebene und merkte, dass ihm schwindelig wurde. Krampfhaft hielt er sich an der oberen Sprosse fest, die seine Hände nun wie ein Schaubstock umschlossen. Mit letzter Kraft konnte er sich durch die Luke drücken und blieb am Boden sitzen, um die hier verbleibende Luft zu nutzen.
Links neben ihm thronte der Bioreaktor. Wie erwartet konnte das Gas nicht von ihm kommen, sonst wäre ihm die Schadstelle gleich aufgefallen. Er hielt einen Moment inne, um seine Gedanken zu sammeln. „Es muss am Gasbehälter sein!" dachte er. Auf allen vieren kroch er nun den Flur zum nächsten Segment weiter. Das Zischen in der Luft verriet ihm,

*dass er der Ursache näher kam. Er richtete sich auf und nahm zum Schutz vor dem Gas den Ärmel seines Overalls vor den Mund. Er konnte kaum stehen vor Schwindel. Und doch musste er nun dieses Leck schließen, um nicht in wenigen Minuten sein Leben zu verlieren.*

*Am Gashahn der Flasche verliefen zwei Leitungen. Eine kam vom Bioreaktor und füllte die Flasche über einen Kompressor. Wäre hier etwas gewesen, so hätte er es auf dem Weg hierher bemerkt. Also verfolgte Hansen die Leitung in Richtung Brennstoffzelle, die etwas weiter unten am Boden lag. „Das Zischen ist dort. Mist!" Seine Hand ergriff das hinter ihm an der Gasflasche liegende Ventil. So schnell er konnte drehte er den Auslasshahn zu, um den Gasfluss zur Zelle zu stoppen. Was jedoch nicht ohne Folgen blieb ...*

## Kapitel Energy Supply

Zur Verwertung der Biomasse, die während des Schiffsbetriebes permanent anfällt, ist in Segment 5 ein sogenannter Bioreaktor einzufügen. In diesen werden alle Fäkalien und Pflanzenreste eingebracht und über eine bakterielle Gärung zersetzt. Der Kunststoffbehälter ist mit mindestens 100 Liter Volumen in würfelförmiger Form zu bemessen und befindet sich auf der inneren Segmentebene. Schaut man von außen in Richtung Zentraltunnel, befindet er sicht links, außerhalb des Längstunnels. Um seine Funktion während der Standphase sowie auch während des Rotationsfluges sicherzustellen, wird der Tank parallel zur Ebenentrennwand schwenkbar aufgehängt. Die benötigte Achshalterung wird mit zwei auf 90 Grad verschweißten Aluminiumprofilen gebildet, die mit der Wand der inneren Ebene und der unteren Deckenfläche verbunden sind. Der Tankbehälter wird mit einer 10 Zentimeter starken Isolationsschicht umgeben, um die innere Temperatur bei der Vergärung konstant zu halten.

An der Oberseite ist eine größere Öffnung zur Befüllung und Reinigung angebracht. Darauf aufgesetzt ist eine Schleuse, über die die Zuführung von Bio- und Staubmaterial ohne direktes Öffnen des Behälters erfolgen kann. Diese erwärmt und befeuchtet das Material zuvor und muss während des Nichtgebrauchs luftdicht verschlossen werden, um das durch die Vergärung entstehende Gas nicht in die Raumluft gelangen zu lassen. Die Oberseite der Schleuse sollte grundsätzlich eben sein, um eine Toilettenfunktion erfüllen zu können. Weiterhin ist an der Schleuse ein Anschluss zur Wasserzuführung vorzusehen, denn für die Unterhaltung der Gärung ist gegebenenfalls zusätzliche Flüssigkeit erforderlich. Die Unterseite des Bioreaktors enthält eine zentrierte Öffnung, um einen Teil des vergorenen Materials entnehmen zu können. Die Rückstände werden den Pflanzenbeeten wieder zur Düngung zurückgegeben. Um die Entnahme zu erleichtern, ist eine Förderschnecke an der Entnahmeöffnung angebracht, die manuell bedient werden kann.

Das bei der Biomassevergärung entstehende Methangas wird über einen Anschluss an der Reaktoroberseite entnommen, durch einen Kompressor verdichtet und anschließend in einem Gastank gelagert, der in Segment 6 untergebracht ist. Das gespeicherte Gas ist zur Herstellung von Elektrizität bestimmt. Dies muss auf sehr zuverlässige Weise durch eine Brennstoffzelle geschehen, in der das Methan mit dem Luftsauerstoff zu Wasser und Kohlendioxid oxidiert. Eine alternative Lösung mit Verbrennungsmotor und gekoppeltem Generator ist hier nicht erwägenswert, da die zu verarbeitenden Gasmengen zu gering sind. Für die Entwicklung der geeigneten Brennstoffzelle, die ebenfalls in Segment 6 untergebracht werden kann, sind künftig weitere Forschungsaufwände erforderlich.

Der gesamte Energiehaushalt des Schiffes sollte so ausgelegt sein, dass die Energie zur Lebenserhaltung und zur Navigation ohne äußere Energieaufnahme erbracht werden kann. Die Energiegewinnung durch Biomasse muss deshalb die Pflanzenbeleuchtung, die

Luft- und Wasserbewegung sowie den Computer mit dessen Basisinstrumenten versorgen. Ebenfalls mit einzuplanen ist ein gewisser Energie- beziehungsweise Gasüberschuss, der beispielsweise durch die Ruhephasen der Ausgleichspumpen während des Raumfluges auftritt. Der Überschuss bleibt in den Gastanks zwischengelagert und kann bei Bedarf in Elektrizität umgewandelt werden. Die maximal verwertbare Gasmenge ist jedoch durch die Menge des im Schiff verfügbaren Sauerstoffs eingeschränkt, weshalb weitere zusätzliche Energiegewinnungsmaßnahmen erforderlich sind.

Um das Forschungsgebiet für diese Hochenergiequellen etwas einzugrenzen, lassen Sie uns einmal drei Ansätze beschreiben. Welche der Formen sinnvollerweise zum Einsatz kommt, hängt sehr stark von dem aktuellen Technologiestand ab. Auch eine Kombination der Formen wäre denkbar, wenn dies unter Berücksichtigung der Vor- und Nachteile sinnvoll ist.

Als klassische Energiegewinnungsform, die bereits heute schon eine gute Einsatzbilanz vorweist, hat sich die Solarzelle etabliert. Es wäre technisch möglich, die Außenflächen des Schiffes mit einer Solarzellenschicht zu belegen. Der Vorteil in der Verwendung dieser Energiequelle ist die einfache Verfügbarkeit sowie eine bereits gut erforschte Technologie. Ein großer Nachteil ist aber die eher geringe Energieleistung, die einen Betrieb von Triebwerken aller Art untersagt. Auch haben Solarzellen ein relativ hohes Gewicht sowie eine Anfälligkeit für äußere Einflüsse, wie Sonneneinstrahlung oder Verschmutzung.

Die zweite betrachtete Möglichkeit, die ebenfalls auf der Energie der Sonne basiert, ist die Nutzung der thermischen Differenz zwischen sonnenzugewandter und sonnenabgewandter Flächen. Würden die Schiffsflächen schwarz überzogen, so wäre eine recht gute Erwärmung bei Sonnenbestrahlung zu erwarten. Dagegen herrscht auf der sonnenabgewandten Seite die Kälte des Weltraumes. Durch ein thermisches Element, das nach dem Peltier-Prinzip funktioniert, kann mit diesem Temperaturunterschied Energie gewonnen werden. Der Zentraltunnel könnte hierfür ein möglicher Installationsort sein, da er einen einfachen Zugang zu beiden Deckseiten des Schiffes bietet. Die Luftzirkulation in den Hohlräumen des Schiffes könnte zur Bündelung der Oberflächewärme und -kälte dienen, welche dann am Zentraltunnel zusammenlaufen würde. Der Nachteil dieser Lösung ist aber die ebenfalls zu geringe Energieleistung, die keine größeren Verbraucher erlaubt. Ein weiteres Problem stellt auch die Abhängigkeit zur Sonne dar, die bei einem längen Raumflug nicht dauerhaft verfügbar ist.

Die benötigte Energieleistung für das Schiff besteht aus dem Grundaufwand, der bereits durch die Biomasse-Energiegewinnung erbracht wird, und dem Aufwand zum Anheben des Schiffes von der Erde. Mit der letzten Energiequelle soll daher eine Idee beschieben werden, die ohne die vorgenannten Nachteile auskommt. Sofern der Forschungsstand es erlaubt, sollte diese Form der Energiegewinnung bevorzugt werden, da hier das Problem der ausreichenden Ausgangsleistung zur Versorgung der Triebwerke gelöst wird. Der Ansatz für den Antrieb des Schiffes besteht nämlich darin, diesen dauerhaft in Betrieb zu lassen, um so lediglich die

Schubstärke zum Abheben zu benötigen. Dadurch wird es erforderlich, die volle Antriebsenergie für lange Zeit zur Verfügung zu stellen. Um dieses zu schaffen, könnte hier ganz speziell die Möglichkeit der kalten Kernfusion zum Einsatz kommen. Wäre es beispielsweise möglich, Wasserstoff durch die Elektrolyse von Wasser zu gewinnen und diesen bereits an der Elektrode im Wasserbehälter zu fusionieren, so würde ausreichend Wärmeenergie entstehen, um einen laufenden Verdampfungsprozess des Wassers zu unterhalten. Der dabei entstehende Dampfdruck kann in den Antrieben genutzt werden und gelangt durch Druckleitungen über den Navigationsraum in die vier Antriebssegmente. Durch die Kondensation des Dampfes in den Antrieben, und der Rückleitung des Kondenswassers in den Fusionsbehälter werden die Dampfkreisläufe 1 - 4 geschossen. Als Abfallprodukte der Fusion entstehen Helium und Sauerstoff, die entweder eine weitere Verwendung im Schiff finden, oder nach außen abgelassen werden. Vielversprechende Versuche zur kalten Kernfusion bestehen auch bei der Nutzung eines Katalysatoreffekts, der in aktuellen Studien durch Myonen erzeugt wird.

Eine neue These wird nun in diesem Buch eingebracht: Bei einer Kernspaltung werden hochfrequente Strahlungsquanten freigesetzt, die durch Bahnveränderungen der neu zu ordnenden Elektronen erzeugt werden. Im umgekehrten Fall, der Kernfusion, müsste eine zugeführte Strahlung die Fusion erleichtern. Würde es gelingen, beispielsweise mit hartem ultraviolettem Licht, die Bahn der Wasserstoffelektronen zu verschieben oder diese vielleicht sogar ganz aus dem Orbital zu werfen, wäre das Verschmelzen der Atome mit weitaus geringerem

Widerstand möglich. Die weitere Forschung wird hier künftig neue Ergebnisse liefern, um dieses Kapitel mit einer geeigneten Hochenergiequelle zu versehen.

Innerhalb des Schiffes ist die innere Ebene des Segment 3 für den Fusionsreaktor vorgesehen. Der Reaktor besteht aus einem druck- und hitzefesten Reaktionsgefäß und zwei durch Kompressoren angeschlossene Gasbehälter, die zur Sammlung der Abgase dienen. Da die Wassertemperatur nicht über 300 Grad Celsius liegen soll, ist eine einfache thermische Isolation ausreichend.

Ein weiteres Thema der Energieerhaltung ist der Masseverlust. Nach der Theorie Albert Einsteins reduziert die dem Raum zugeführte Energie kontinuierlich die Masse des Schiffes. Die abgehenden Energien bestehen in unserem Fall aus Wärmeenergie und dem Schub der Antriebe. Um diesen Masseverlust auszugleichen, ist es erforderlich, dem biosphärischen System stetig neue Materie hinzuzufügen. Eine mögliche Materiequelle während des Raumfluges sind Stäube und Mikrometeoriten, von denen täglich alleine 10 Millionen Tonnen auf die Erde rieseln. Im Raum befinden sich diese in diffusen Flugrichtungen und müssen zunächst mit einem statisch aufgeladenen Element eingefangen werden. In Segment 5 kann eine solche Fangeinrichtung innerhalb der Material Collecting Bay MCB eingerichtet werden. Zunächst ist an der oberen Aussparung, die waagerecht vom äußeren Rahmenprofil bis zum Zentraltunnel reicht, ein Stück weitere Außenverkleidung aus Aluminium oder Kunststoff bündig mit der Aussenkante anzuschweißen. Das Stück verdeckt die Öffnung der MCB etwa einen Meter nach innen. Der

Abstand zum Boden der Bucht beträgt dort 10 Zentimeter. Diese Innenfläche wird mit einem senkrecht angeschweißten Stück Verkleidung verschlossen, wobei eine kleine Bohrung in der Mitte der Fläche künftig für den Druckausgleich sorgt. Die MCB-Verschlussklappe bemisst sich somit von der soeben gebildeten Innenkante bis zur Oberkante des Zentraltunnels. Die Mechanik für das Öffnen und Schließen der Verschlussklappe wird auf der - von außen gesehen - rechten Seite angebracht und idealerweise über einen Druckgaszylinder betätigt. Der Öffnungswinkel der Klappe, die an der linken Seite der MCB über Scharniere befestigt wird, sollte maximal 45 Grad betragen.

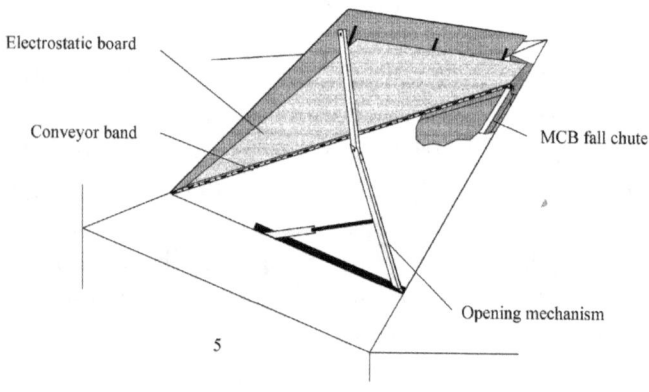

*Abb. 7: Ansicht der MCB*

Unterhalb der Scharniere ist ein waagerecht verlaufendes Förderband zu erstellen. Dieses bewegt die gesammelten Stäube entlang der Seitenwand der MCB bis in den Fallschacht am Zentraltunnel. Über dem Fallschacht macht das Band zunächst eine Bewegung nach unten und wendet anschließend über eine Rolle wieder etwas nach oben, bevor es zurück zur Außenkante läuft. Dies ist erforderlich, da während des Rotationsfluges die Schwerkraft in Richtung Außenseite wirkt, und der vom Band fallende Staub in der vorstehenden Nase des Fallschachtes landen soll. Das Band ist circa fünf Zentimeter breit und mit kleinen Schaufeln in Innenrichtung versehen. Aus Gründen der Haltbarkeit besteht das Band aus Metallgliedern und wird bei Bedarf über einen Motor in beiden Richtungen betrieben.

Um das eingefangene Material dem Förderband zuzuführen, ist ein Leitblech aus Aluminium elektrisch isoliert in der MCB zu befestigen. Die Scharniere hierfür werden parallel über dem Laufband befestigt und lassen das Leitblech unterhalb der Verschlussklappe nach oben schwenken. Für den Schwenkvorgang wird das Leitblech auf der anderen Seite über drei bewegliche Halterungen an der Verschlussklappe befestigt. Zehn Zentimeter über dem Boden der MCB, wird zwischen Laufband und Öffnungsmechanik noch eine ebene und abnehmbare Abdeckung befestigt. An der linken Seite erhält diese eine senkrechte Trennwand, um das Förderband vom übrigen Hohlraum zu trennen.

Die weiteren Installationen zur Materiesammlung bestehen aus dem Hochspannungsgenerator SCG, der über eine Hochspannung das angeschlossene Leitblech statisch auflädt, und der Materieschleuse MBL, die an der Unterseite des Fallschachtes angebracht wird. Durch den Einsatz von Wasser als Transportflüssigkeit, befördert diese das Material ohne Druckverlust in das Schiffsinnere. Hierfür benötigt sie einen Wasserzulauf aus Tank 3 sowie ein Ventil an jedem Ende. Ein Saugelement ist oben an der Schleuse über ein kleineres Ventil angeschlossen, das einen Unterdruck im Transferraum erzeugt, bevor das äußere Ventil geöffnet wird. Eine elektrische Heizung verhindert das Gefrieren des Wassers während der Transferphase. Nach dem Transfer fließt die gebildete Suspension durch eine Leitung an der Unterseite mit 45 Grad Neigung direkt in den Bioreaktor.

Die Energieverteilung innerhalb des Schiffes wird maßgeblich durch die Lage der Energiesegmente 3 und 6 sowie dem Navigationsraum bestimmt. Da die Kontrollen des Navigationsraums die zentrale Steuerung aller Prozesse übernehmen, sind die Hauptleitungen der Reaktoren zunächst dorthin zu führen. Insgesamt sind drei Energienetze vorzusehen. Das erste verbindet die Basisenergie des Bioreaktors mit den Lebenserhaltungssystemen. Das zweite elektrische Netz leitet generierten Strom aus den Antrieben zum Fusionsreaktor, der dort zur Erhaltung des Fusionsprozesses verwendet wird. Das dritte Energienetz besteht aus den Dampfleitungen zur Versorgung der Antriebe.

Im Falle des ersten Energienetzes, das von der Brennstoffzelle ausgeht, erfolgt der Energietransfer mit einem entsprechend starken Kabel. Entlang der inneren Ebenentrennwand führt es bis zu einem Sicherungskasten im Navigationsraum. Hier ist ein Versorgungskabel für die Pflanzenbeleuchtungen angeschlossen und verteilt die Energie entlang der Ebenenwand in alle Segmente. Als Durchführungskanal kann hierfür ein Leitungsschacht verwendet werden, der im Kapitel Engines für die Sensorleitungen angelegt wird. Das erste Energienetz ist grundsätzlich für Gleichstrom ausgelegt. Allerdings ist an vorgenanntem Sicherungskasten auch eine Abzweigung zu einem Wechselrichter vorzusehen, um zusätzlich Wechselstrom zu erzeugen. Dieses ist erforderlich, da sämtliche Elektromotoren für Pumpen, Luftturbinen, Gyroskop und das MCB Förderband als Wechselstrommotoren ohne Kohleschleifer ausgelegt sind. Diese Bauform hat den Vorteil, dass während des Betriebes kein Verschleiß auftritt und somit keine Ersatzteile benötigt werden.

Die Energie des Fusionsreaktors besteht in unserem Beispiel aus dem Druck von Wasserdampf. Während des Betriebs benötigt der Reaktor einen gewissen Teil seiner Energie, um die Elektrolyse sowie die Bestrahlung mit ultraviolettem Licht aufrecht zu erhalten. So ist es erforderlich, dass weitere elektrische Energie durch einen Dynamo in den Antriebsgondeln erzeugt wird, die dann über ein Wechselstromnetz zurück zum Reaktor fließt. Die Stromleitungen hierfür verlaufen parallel zu den Dampfleitungen und vereinigen sich im Navigationsraum zu einer gemeinsamen Leitung, welche zum Reaktor führt. An dieser Verbindungsstelle kann der Regelschalter zur Steuerung des Reaktoreinsatzes installiert werden.

## *Kapitel Engines*

Lassen Sie uns nun einmal zusammenfassen, was wir zum jetzigen Zeitpunkt bereits Realisiert haben. Wir haben eine raumtaugliche Schiffshülle, ein Lebenserhaltungssystem und ausreichend Energie, für mehr als nur zum Kaffeekochen. So ist es nun an der Zeit einige Extras und ein wenig Luxus in unser Schiff zu bringen. Ganz speziell ist damit natürlich unser Antrieb gemeint, und alles weitere, was wir sonst noch für den Raumflug benötigen. So fallen darunter auch die Instrumente zur Navigation sowie das Cockpit und der Wohnraum in Segment 1.

Aber benötigen wir für unsere Zeitkapsel überhaupt einen Antrieb? Die Botschaft an die Seelen des Universums könnte doch genauso hier auf der Erde aufbewahrt werden? Das ist im Prinzip richtig. Aber die Chancen, mit unserem Schiff etwas von Beständigkeit zu schaffen, steigen erheblich, wenn dieses nicht den Einflüssen auf der Erde unterliegt. Nur der Weg hinaus in die Ferne zeigt unser wahres Wesen eines Forschers und Entdeckers. Dieses steht über allem, was unser Denken und Handeln bestimmt!

*Die Gaswolke nahm Hansen mehr und mehr das Bewusstsein. Das Zischen hatte endlich aufgehört, und er hoffte nun, dass sich die Gasmengen etwas im Schiff verteilen. Mit dem Rücken zur Gasflasche war er erschöpft auf den Boden gesunken, um für einen Moment Luft zu holen. Kaum, dass er wieder etwas zu sich kam, wurde jetzt die Tagweite dieses Unfalls klar. Die allzeit rauschende und surrende Technik verstummte mehr und mehr. Einen Moment später fiel das Licht aus, und es wurde dunkel. So dunkel, dass nur noch Lichtschatten vor seinen Augen schwebten, die wie erloschene Blitze im Raum flimmerten. Die Stille, die ihn umgab, wirkte mehr als erdrückend. Es war die Stille des Todes, die ihn gefangen hatte. Bliebe er nun hier sitzen, würde er ihr niemals entkommen können.*

*Hansen brauchte sein Werkzeug. Er griff hinter sich, um wenigstens einen Anhaltspunkt für eine Reparatur zu finden. Als er die knapp fünf Millimeter dicke Leitung erfasste, spürte er schon, dass sie seltsam leicht beweglich war. Oben schien sie fest verschraubt zu sein, aber in Richtung Brennstoffzelle bewegte sie sich wohl frei. Immer weiter tastete er die Metallleitung ab, bis er an ihr Ende kam. Es war ein sauberer Schnitt, mit dem die Leitung endete. Knapp dahinter ertastete er die Anschlussmuffe der Brennstoffzelle. Sie war ebenfalls ohne Anzeichen einer abgerissenen Leitung. „Vielleicht genügt es, sie neu zu verschrauben, und sie war nur aus der Muffe gesprungen." dachte er. Aber dafür würde er erst einmal sein Werkzeug holen müssen, welches im Lager des Wohnraumes war.*

*Die Zeit drängte, denn solange die Beetbeleuchtungen dunkel waren, nahm der Sauerstoff der Luft mehr und mehr ab. Nicht nur, dass die Pflanzen kein Kohlendioxid mehr umwandelten, nein, sie wurden bei Dunkelheit selbst zu Luftverbrauchern, und dass wusste Hansen. Tastend kroch er den Flur zurück zum Längstunnel. Den üblen Geruch des Methangases konnte er mittlerweile nicht mehr wahrnehmen, aber er spürte, wie seine Kräfte nachgelassen hatten. Er kam nur sehr mühsam die Leiter bis zur äußeren Ebene hinunter. Eine schier endlose*

*Anzahl von Sprossen lag unter ihm, und es kam ihm wie eine Ewigkeit vor, bis er mit dem linken Fuß endlich die Deckplatte der Außenwand berührte. Er ließ sich fallen und krabbelte durch die Luke zu Segment 6. Hier war es totenstill, und nur sein Keuchen hallte dumpf in der Dunkelheit. Kriechend kam er, entlang an den Beetregalen, dem Wohnraum langsam näher. Dort angekommen, öffnete er die am Boden liegende Luke zum Lagerraum, der in der Spitze des Schiffes lag. Die Werkzeugkiste stand immer auf einem der oberen Regalböden, weshalb er versuchte, den Griff der Kiste von oben zu erreichen. Er wollte es vermeiden, noch einmal eine Leiter hinunterzusteigen, da er nicht wusste, ob seine Kraft noch ausreichen würde, mitsamt der Kiste wieder hinaufzuklettern. Hansen hatte Glück und erfasste den Kunststoffgriff der Oberseite. Mit einem Schwung holte er das Werkzeug nach oben und begann darin nach der Multizange zu suchen. Es dauerte, bis er sie gefunden hatte, aber dafür fielen ihm noch die handbetriebene Taschenlampe und ein Gabelschlüsselsatz in die Hände, den er gleich in seiner Hosentasche verstaute. Mit der Lampe in der rechten Hand, die ihm wenigstens etwas Sicht verschaffte, machte er sich ohne Pause auf den Weg zurück zur Brennstoffzelle. Immer schwerer erscheinen ihm seine Arme und Beine. Das Atmen der feuchten und mittlerweile auch kalten Luft war wie eine Flüssigkeit zu inhalieren. Pfeifend füllten und leerten sich Hansens Lungen bei jedem Atemzug.*

*Die Leiter zur inneren Ebene wurde abermals die größte Herausforderung auf dem Weg durch das Schiff. Schwer atmend kam er endlich bei der defekten Leitung an. Die Taschenlampe in der einen und die Multizange in der anderen Hand haltend, schraubte er zunächst die Anschlussmuffe der Brennstoffzelle ab. Er steckte sie über die lose Leitung und drückte ihr Ende fest in die Öffnung des Gasanschlusses. Als er mit seiner zweiten Hand die Muffe wieder anziehen wollte, und er die Taschenlampe dazu loslassen musste, wurde es erneut dunkel um ihn. Das Surren des handbetriebenen Dynamos der Lampe hatte ihm etwas Sicherheit gegeben. Jedoch den Rest der Reparatur würde er wohl blind bewältigen müssen. Mit der Zange zog er die Muffe fester und fester an. Nachdem er hockend und mit letzter Kraft noch eine letzte Drehung der Muffe durchgeführt hatte, war die Reparatur schließlich beendet. Seine Hand drehte nun wieder an dem Ventil, das ihm zuvor alles Lebensnotwendige genommen hatte. Ein Zischen ging aus dem Ventil in die Leitung. Eine Sekunde später erlischte es wieder. Diesmal war die Stille es, die Hansen wieder neue Hoffnung gab. Die Leitung schien dicht zu sein!*

*Die Temperatur in der Brennstoffzelle war in der Zwischenzeit bereits um einiges abgesunken. Es war ein weiteres mal Glück, dass die Reaktionstemperatur gerade noch ausreichte, um den Oxidationsprozess wieder anlaufen zu lassen. Zuerst glimmten nur die Leuchten langsam auf. Einen Augenblick später begann auch die Luftturbine wieder leise zu rauschen, und Hansen fuhr es dabei eiskalt über die Haut. Er hatte es geschafft! Ein Piepen aus dem Navigationsraum verriet ihm, dass auch CLEO wieder zu ihm zurückkehrte. Nach der Startprozedur des Computers prüfte Sie nun eigenständig alle Systeme. Ihr Ergebnis war aber wiederum ernüchternd: „Alarm. Der Hüllendruck ist über dem Grenzwert!".*

*Hansen hatte keine Ahnung, was das Methan in seiner Luft bewirkte. Sein Kopf fühlte sich immer noch schwindelig und benommen an. Er wollte weitere Schritte einleiten, um seine Situation zu verbessern. Das Gasgemisch könnte in dieser Konzentration explosiv sein, und ob Methangas giftig war, wusste Hansen nicht. Er musste das Gas schnellstens aus der*

*Luft bekommen und durch sauberes Atemgas ersetzen. Aber dazu hatte er weder Filter noch Messgeräte, um den Gasgehalt zu messen. Obwohl er eigentlich nicht zurück zur Erde blicken wollte, beschloss er sich von dort Rat und Hilfe zu holen ...*

Starten wir den inneren Ausbau wir mit einigen Sensoren, die uns noch zur Orientierung und Positionierung fehlen. Da sich im Schiffskörper keine Fenster befinden, ist ein optisches Visualisierungssystem von größter Bedeutung. An vier Positionen werden deshalb Objektive durch die Schiffshülle geführt. Diese haben eine Länge von circa 30 Zentimeter und einen Durchmesser von circa vier Zentimeter. Sie sind aus massivem Plexiglas gefertigt und werden nach dem Bohren der Durchführungen mehrfach druckdicht mit der äußeren und inneren Wand verbunden. Die Brennweite der Objektive beträgt 1,75 Meter hinter der Außenfläche, denn entgegen aller Erwartungen werden wir zur Bildweitergabe keine Kameras einsetzen, sondern das Außenbild über Spiegel auf einen Schirm im Navigationsraum werfen. Dieser befindet sich auf der inneren Ebene des Segments 1.

Zwei der Objektive werden in der Rotationsachse positioniert und durchbrechen im Zentraltunnel die obere und untere Rahmenkonstruktion genau in der Mitte. Darauf können weitere Linsen zur Bildvergrößerung aufgesetzt werden. Mit Druckluft ist es möglich, den Abstand dieser Linsen zu justieren und so den Zoomfaktor zu verändern. Ein weiteres Objektiv durchbricht die Zentraltunnelwand in Richtung Segment 5, um auf das Förderband der MCB zu zeigen. Die

Lichtachse dieses Objektivs zeigt im Inneren zur Rotationsachse, weshalb es etwas schräg eingeplant werden muss. Das vierte Objektiv wird in die untere Deckfläche der äußeren Ebene des Segments 1 eingefügt. Es wird mittig entlang der Schiffs-Längsachse und mit einem Abstand von 2,5 Meter vor der Ebenen-Trennwand durchgeführt. Seine Neigung – mit Blickrichtung nach vorne unten - wird mit 26 Grad so ausgerichtet, dass das nach innen projizierte Bild knapp unterhalb des Zentrums der Ebenen-Trennwand fällt. Da die Länge des Durchführungskanals durch die Hülle in diesem Winkel bis zu 56 Zentimeter betragen kann, ist das Objektiv vor der endgültigen Montage in einem entsprechenden Durchführungsrohr zu befestigen.

Der Anzeigeschirm im Navigationsraum wird parallel zur Ebenen-Trennwand mit einem Abstand von 0,8 Meter befestigt. Dies geschieht über zwei Profile, die im Winkel von 90 Grad abgewinkelt sind und am Segmentboden sowie vorne an der Ebenen-Trennwand in 1,76 Meter Höhe befestigt werden. Der Abstand der Profile zueinander beträgt einen Meter. Die Schirmfläche misst somit 0,5 Meter x 1 Meter und wird oben zwischen den Halteprofilen befestigt.

Damit die Objektivbilder auch auf den Schirm gelangen, sind noch einige bewegliche Spiegel im Schiff anzubringen. Für das Bild des vorderen Objektivs muss in der Ebenenwand eine quadratische Öffnung mit circa zehn Zentimeter Kantenlänge erstellt werden. Darin wird ein Spiegel befestigt, der den Lichtstrahl auf die linke Hälfte des Anzeigeschirms wirft. Die Bilder der drei Objektive im Zentraltunnel werden ebenfalls über Spiegel gelenkt.

Ein Spiegel, der über Druckluft verschoben werden kann, wird gegenüber dem Objektiv zur MCB montiert. Durch das Einschieben des 45 Grad geneigten Spiegels in die Rotationsachse, kann das Bild zwischen MCB und Sicht nach oben gewechselt werden. Auf der Hälfte des Zentraltunnels, also genau bei 1,65 Metern Höhe, wird in Richtung des Segments 1 eine zehn mal zehn Zentimeter große Öffnung erstellt. Diese wird mit einem druckdichten Rahmen und einer durchsichtigen Kunststoffscheibe versehen. Dahinter sind zwei gekippte Spiegel übereinander in der Rotationsachse angebracht, die das von oben und unten kommende Licht in Richtung Segment 1 werfen. Der obere Lichtstrahl wird fest auf die rechte Anzeigeschirmhälfte gelenkt, der untere Spiegel zielt auf die linke Hälfte und kann über Druckluft weggedreht werden, um das Bild abzuschalten. Der Umlenkspiegel des Objektivs in Segment 1 erhält ebenfalls eine druckluftbetriebene Klappe zur Abschaltung der Bildanzeige.

Der Navigationsraum wird nun mit Pilotensitzen ausgestattet, um alle weiteren Installationen am physisch vorhandenen Bewegungsfreiraum zu orientieren. Die Nutzung des Raumes unter zwei verschiedenen Schwerkraftsituationen bedingt die Verwendung von zwei Pilotensitzen. Jeder der Sitze wird mittig zum Anzeigeschirm hin angebracht. Der erste Sitz wird an der unteren Deckfläche vor dem Zentraltunnel befestigt. Dabei ist darauf zu achten, dass die Höhe des Sitzes - mitsamt dem Piloten - nicht in die Projektionsöffnung des Zentraltunnels reicht. Der zweite Sitz wird auf einem

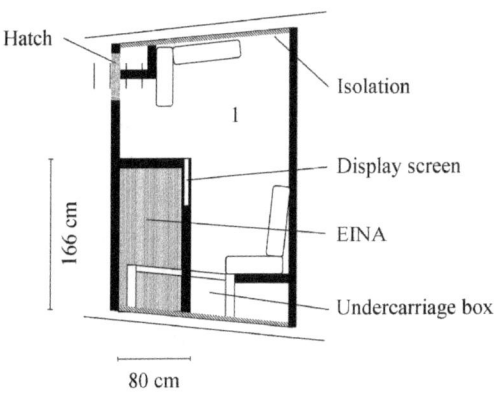

*Abb. 8: Einteilung des Navigationsraums*

Sockel oben an der Ebenen-Trennwand befestigt. Die Lehne zeigt dabei zur oberen Außenwand. Während des Rotationsfluges kann dadurch der Anzeigeschirm in einer waagerechten Position genutzt werden. Bei der weiteren Ausstattung des Navigationsraums ist zu beachten, dass seine Nutzung während des Atmosphärenfluges und während des Rotationsfluges möglich ist. Durch die wechselnde Schwerkraftrichtung wird einmal die untere Außenwand und einmal die Ebenen-Trennwand zum Boden. Um die Bewegungsfreiheit nicht einzuschränken, sind die Bereiche am Zentraltunnel und entlang der oberen Deckenfläche von Einbauten freizuhalten. Der ideale Ort für die Technik ist zwischen der Ebenenwand und den Profilen zur Schirmbefestigung, wobei der Lichtkanal des vorderen Objektivs bei der Nutzung berücksichtigt werden muss. Der so definierte Bereich für die navigatorischen Sensoren und Instrumente nennt sich abgekürzt EINA.

Ausgehend vom Navigationsraum wird ein Leitungskanal befestigt, der entlang der Ebenen-Trennwand seitlich verläuft. Alle Mess- und Steuerleitungen zur EINA verlaufen somit in einer gesammelten Bahn. Bei der weitern Ausstattung mit Sensoren sollten zwei Instrumente unbedingt auch mechanisch ausgeführt werden. Hängen Sie in den Pflanzenbereich des Segments 3 ein Thermometer mit Steigsäule und ein Barometer, welches Sie mit einem elektrischen Kontakt versehen. Im Notfall löst dieses einen Alarm aus und lässt Sauerstoff über ein elektromagnetisches Ventil aus dem Tank auf der inneren Ebene. Elektrische Temperatursensoren können an beiden Luftkreisläufen, den Kühlelementen zur Luftentfeuchtung, den vier Antrieben, dem Bioreaktor, dem Fusionsreaktor und dem Außenbereich innerhalb eines Fahrwerksschachtes vorgesehen werden. Drucksensoren sind sinnvoll für den inneren Hüllendruck, den Druck in den Segmenthohlräumen, dem Bioreaktor sowie dem Fusionsreaktor. Den Außendruck können Sie über einen Anschluss am vorderen Fahrwerkschacht aufnehmen. An dieser Stelle ist auch ein Außenventil zum Druckausgleich während des Steigfluges anzubringen. Dieses wird elektrisch bedient und über ein vorgelagertes manuelles Ventil abgesichert. Über diese Einrichtung kann der Innendruck der Hülle für den Raumflug auf 0,7 Bar abgesenkt werden.

Für die Lage- und Rotationsregelung wird als nächstes ein Gyroskop benötigt. Das GCR – Gyroscopecontrol for Rotation-Flight - besteht aus einer sich schnell drehenden Metallscheibe, die über zwei bewegliche Metallreifen liegend aufgehängt ist. Bei Drehbewegungen des Schiffes bleibt die rotierende Scheibe aufgrund der Drehimpulserhaltung in einer räumlich stabilen Position. Elektronische Sensoren greifen die Stellung der einzelnen Achsen ab. Zusätzlich sind an den Aufhängungspunkten Schalter befestigt, die bei einer Bewegung in die eine oder andere Richtung einen Kontakt schließen. Mit diesen kann ein einfaches Stabilisierungssystem für den Rotationsflug ohne elektronische Bestandteile erstellt werden. Ein weiteres Steuerungssystem ist die Abtastung des Anzeigeschirmes. Dazu sind in der Mitte der linken und rechten Schirmhälfte jeweils sieben Helligkeitssensoren anzubringen. Um einen genau zentrierten Sensor werden sechs weitere Sensoren in einer Kreisbahn angeordnet. Während des Rotationsfluges kann ein Stern auf den mittleren Sensor ausgerichtet werden, der über eine elektrische Schaltung und unter Zuhilfenahme des Water Adjustment System WAS sowie der Antriebe, im Zentrum gehalten wird. Die vereinfachten Steuerungssysteme sollten der elektronischen Variante vorgezogen werden, da hier eine weitaus höhere Betriebssicherheit gegeben ist. Die Rolle der Elektronik ist dadurch vorrangig die Kontrolle und Protokollierung.

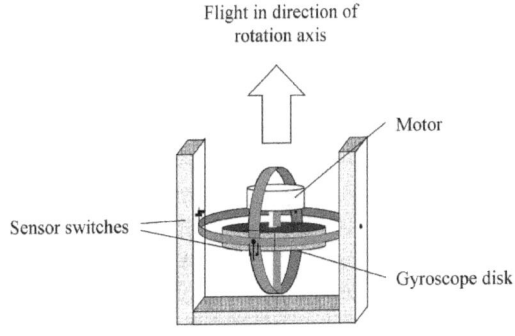

*Abb. 9: Gyroskop zur Rotationssteuerung*

Für die Antriebe werden weitere Sensoren außerhalb jeden Antriebssegments benötigt. Zur Steuerung der Rotation der Antriebsgondeln PU 1-4 muss ein einfacher Kontaktschalter an der Nullstellung eingeplant werden. Für die präzise Positionierung wird ein elektronisches Element zur Messung des Rotationswinkels vorgesehen.

Im Bereich des Fahrwerks und der MCB kann eine Außenbeleuchtung eingefügt werden. Die Leuchtkörper der MCB befinden sich direkt am Zentraltunnel und leuchten nach außen. Nach dem Schließen der MCB-Abdeckung befinden sich diese innerhalb des Schiffes. Die Leuchten für das Fahrwerk sind an den Fahrwerksstützen befestigt und werden beim Einfahren des Fahrwerks ebenfalls mit in die Fahrwerksschächte eingezogen. Der vordere Strahler leuchtet in die vordere untere Richtung, während die Strahler der hinteren Fahrwerke nach unten zeigen. Die Fahrwerkschächte bieten ebenfalls Raum, um eine Funkantenne unterzubringen. Die Ausführung kann als Stab- oder Parabolantenne sein, die gegebenenfalls auf einen schwenkbaren Halter gesetzt wird. Durch das Schließen der Fahrwerksklappen wird die Antenne in den Schiffskörper eingeschlossen.

Die Instrumente und Sensoren für die EINA sind weitestgehend mechanisch auszuführen. Der jeweilige elektrische Messwert wird zusätzlich an die Eingangsschnittstellen von CLEO übergeben, um dort ausgewertet werden zu können. Parallel zur manuellen Bedienung der Kontrollen können auch durch CLEO Steuerungssignale an die Systeme weitergegeben werden.

Der Aufbau der Anzeigen- und Kontrollpanels ist teilweise zweifach ausgelegt. Ein Instrumentensatz zur Flugkontrolle zeigt zum Sitz am Zentraltunnel und ist unterhalb des Anzeigeschirms eingebaut. Eine zweite Instrumentierung zur Flugkontrolle befindet sich oberhalb des Anzeigeschirms in Richtung des oben angebrachten Sitzes. Dagegen sind alle Kontrollen für die Umgebung und die Energieversorgung seitlich am Anzeigeschirm angebracht und können aus beiden Sitzen eingesehen werden.

Die nachfolgenden Tabellen stellen die Anzeigen und Schalter der Kontrollpanels zusammen.

*Tab. 2a: Sensoren und Kontrollen für die Umgebung*

- Innendruck
- Druck der Segmenthohlräume
- Aussendruck
- Temperatur innere Luftzirkulation ISA
- Temperatur äußere Luftzirkulation OSA
- Außentemperatur
- Schwerkraft nach unten
- Schwerkraft nach außen
- CWT Füllstandsanzeige Trinkwasser
- Füllstandsanzeige Wassertank 1 - 4
- Schiffschronometer
- Bedientastatur mit Kabel für CLEO
- Schalter für Beleuchtung Navigationsraum
- Schalter für Pflanzenbeleuchtung
- Schalter für Beleuchtung innere Ebene
- TOA/TIA Schalter für Luftbewegungsanlage
- IHA Schalter für Heizung
- Schalter Außenventil


*Tab. 2b: Sensoren und Kontrollen für die Energieversorgung*

- IBE Temperatur Bioreaktor
- IBE Füllstandsanzeige Bioreaktor
- IBE Druck Bioreaktor
- IBE Druck Methangasvorrat
- IBE Spannung Brennstoffzelle
- IBE Ampere Brennstoffzelle
- FBE Temperatur Fusionsreaktor
- FBE Füllstandsanzeige Fusionsreaktor
- FBE Druck Fusionsreaktor

- FBE Druck Sauerstoffvorrat
- FBE Druck Abfallgas
- Schalter für MCB-Abdeckung
- Schalter für Beleuchtung MCB
- Schalter für statischen Generator MCB
- Schalter für Förderband MCB
- Schalter zur Bedienung MBL

*Tab. 2c: Sensoren und Kontrollen zur Flugkontrolle*

- Bedienhebel für Rotationswinkel und Neigung der Antriebe 1 – 4
- Schubregelungshebel für die Antriebe 1 – 4
- Kontrollhebel für Fusionsreaktor
- Künstlicher Horizont in Längsrichtung
- Magnetischer Kompass
- Rotationswinkel der Antriebe 1 – 4 inkl. Leuchten zur Anzeige der Nullstellung
- Schalter für gyroskopgesteuerten Rotationsflug GCR
- Schalter für lichtgesteuerten Rotationsflug LCR
- Bedienhebel der Fahrwerkslenkung
- Hebel für Außenansicht vorne
- Hebel für Außenansicht oben / MCB
- Hebel für Außenansicht unten
- Hebel für Zoom obere und untere Außenansicht
- Schalter für Fahrwerk
- Schalter für Fahrwerksbeleuchtung
- Bildschirm zur Anzeige von CLEO
- Sprechfunkanlage

*Hansen ging es merklich schlechter. Das Methangas schien seinen Körper nach und nach zu vergiften. Er hatte sich in den Wohnraum zurückgezogen und erst durch die Ruhe die Übelkeit bemerkt. Augenblicklich überkam ihn diese, und er übergab sich in eine Schüssel, die neben dem Waschbecken auf der Ablage stand. Ein paar Minuten später wusch er sich das Gesicht sauber und kletterte wieder die Leiter zum Navigationsraum hinauf. Er ließ sich in seinem Pilotensitz nieder und legte den Schalter zum Ausfahren der Fahrwerke um. Trotz des vergangenen Fluges ohne Steuerung, hatte sich das Schiff kaum von seinem Kurs fortbewegt. Im Zentrum der hinteren Bildschirmanzeige lag immer noch der blaue Planet. Nachdem die Hydraulik das Fahrwerk vollständig ausgefahren hatte, lag die Antenne des Funkgerätes frei und hatte direkte Sicht auf die Heimat. Hansen schaltete den Sprechfunk ein und wählte einen Kanal, den er auf einem zweiten Funkgerät bei sich zuhause eingestellt hatte. Ein Computer überwachte diese Frequenz und würde bei Zustandkommen einer Verbindung entweder zum Telefonnetz oder in das Internet weiterleiten. Für den dauerhaften Funkkontakt war die Heimatantenne auf einem beweglichen Fuß montiert, die sich der Himmelsbewegung anpasste und so einen festen Punkt am Himmel anpeilte. Eine Kommunikation sollte also während der Nachtzeit möglich sein, was laut Schiffschronometer jetzt der Fall war. Aufgelehnt auf den Anzeigetisch beobachtete er die Signalanzeige des Funkgerätes. Wenn alles funktionierte, müsste er nun das Sendesignal der Heimatantenne empfangen.*

*Doch nichts dergleichen geschah. Der Anzeiger für die Signalstärke verharrte fest auf einer Position von zehn Prozent. Hansen seufzte. Konnte wirklich alles so schief gehen? Es gab kaum eine Chance eine andere Verbindung zu bekommen. Dazu müsste eine Antenne auf der Erde genau in seine Richtung zeigen, und das dürfte nur sehr unwahrschein-*

*lich der Fall sein. Da ihm wieder schlecht wurde, beschloss er das Funkgerät nicht auszuschalten und stattdessen CLEO die Überwachung des Signals zu überlassen. Er gab ihr mit der Tastatur den Signalparameter und eine Überwachungsgrenze von 50 Prozent ein. Sie würde ihm Bescheid geben, falls dieser Wert erreicht wurde.*

*Hansen wusste keine weitere Lösung mehr. Ihn beschäftigte der Gedanke, dass die Schiffshülle wegen des Überdruckes plötzlich platzen könnte. Er wählte CLEOs Seite für die Umgebungsanzeigen, um den Luftdruck zu prüfen. Er lag bei 1,4 Bar und entsprach bei weitem nicht dem Normalwert. Er musste bald handeln, da er nicht wusste, wie lange die Hülle dem Druck noch standhalten würde. So griff er nun in seiner Not zum manuellen Außenventil und öffnete es vorsichtig. CLEO hatte das dahinter liegende automatische Ventil bereits beim Eintreten des ersten Druckalarmes geöffnet, weshalb sofort etwas von der Innenluft nach außen zischte. Der Luftdruckmesser sprang auf 1,2 Bar, und Hansen fielen die Ohren zu. Bei 0,9 Bar verschloss er das Ventil erst einmal, um seinen Körper an den neuen Druck zu gewöhnen. Ihm war immer noch schlecht, und der Druckabfall ließ ihn das noch mehr spüren. An etwas zu Essen oder die Pflichten für seine Beete konnte er im Traum nicht denken. Er wusste nicht einmal, wie lange er noch zu leben hatte und ob die Pflanzen in dieser Umgebung überleben würden. Um die Aktion hinter sich zu bringen, drehte seine Hand das Ventil wieder auf. Langsam sank der Druck weiter und damit auch seine Anspannung. Bei 0,8 Bar klackte das automatische Ventil plötzlich zu, und CLEO meldete sich: „Innendruck für Raumflug hergestellt." Dabei wollte es Hansen belassen und verschloss das manuelle Außenventil endgültig.*

Da wir schon vieles über die Rahmenbedingungen unseres Schiffsantriebes wissen, ist es nun an der Zeit, diesen etwas näher zu beschreiben. An den Außenwänden der Antriebssegmente 2, 4, 6 und 8 werden vier Antriebsgondeln über einen Zahnkranz befestigt. Die Gondeln können über einen Elektroantrieb in verschiedene Positionen gedreht werden und so Schub in unterschiedlichen Richtungen ausüben. Für einen Steigflug von der Erde zeigen die Antriebsgondeln nach oben und stoßen sich mit ihren Antrieben vom Boden ab. Während des Rotationsfluges wird diese Stellung ebenfalls verwendet, um ein Ziel anzusteuern. Für das Einleiten und Beenden des Rotationsvorganges werden die Gondeln waagrecht gestellt, wobei die Gondeln auf einer Seite in die entgegengesetzte Richtung zeigen. Dadurch wird bei Einsetzen des Schubes eine Drehbewegung erzeugt, die die gewünschte Schwerkraft erzeugt. Anders als bei bisherigen Raketenstarts, versucht unser Schiff nicht in sehr kurzer Zeit eine Bahn- oder Fluchtgeschwindigkeit zu erreichen. Vielmehr sind die Antriebe auf eine nahezu unbegrenzte Laufzeit ausgerichtet, wodurch ein langsamer Aufstieg möglich wird. Mit steigender Entfernung zur Erde erhöht sich die Geschwindigkeit kontinuierlich, sodass das Schiff entweder in eine Erdumlaufbahn oder auf einen Fluchtkurs geführt werden kann.

Gehen Sie bei unserem Antrieb von keiner heute existierenden Antriebsart aus. Auch, ob der zur Verfügung stehende Wasserdampf für den Antrieb geeignet ist, ist zum derzeitigen Entwicklungsstand noch nicht sicher. Die Konfiguration des Fusionsreaktors in Segment 3 lässt sich auch für Alternativszenarien anpassen, um als möglichen Energieoutput beispielsweise elektrische Energie zu erzeugen.

Die Wahl des geeigneten Antriebs bietet sicherlich viele Möglichkeiten zur Diskussion. Einige Vorraussetzungen hierfür sollen in den nächsten Abschnitten beschrieben werden. Als Grundsatz gilt: Der Antrieb darf keine oder möglichst wenig Materie an den Raum abgeben. In unserem Schiff führen wir keine größeren Energie- beziehungsweise Materiereserven mit, da wir davon ausgehen, alle benötigte Energie aus dem mageren Umfeld des interstellaren Raumes zu beziehen. Somit ist die Materie, die mit unserem Schiff versammelt ist, das wertvollste Gut überhaupt. Während des Betriebs darf nur die Abgabe reiner Energie erfolgen, die in Form von Wärme und natürlich unserem Antriebsschub geleistet wird. Deshalb arbeitet unser Antrieb ohne Abgase, um die Masseerhaltung zu gewährleisten, und selbst der zugeführte Wasserdampf wird nach der Verwendung an der Innenseite der Antriebsgondeln über eine Kühlschleife zu Wasser kondensiert und ins Schiff zurückgeleitet.

Welche Form des Antriebs kommt also in Frage? In neuesten Forschungen zu diesem Thema wird immer wieder der Antigravitationsantrieb genannt. Dieses vielversprechende Konzept beruht auf der Erzeugung einer künstlichen Schwerkraft, die einen Körper in eine vorgegebene Richtung "fallen" lässt. Basierend ist diese Technik auf einem schnell rotierenden Supraleiter, welcher im Versuchsaufbau einen Durchmesser von einem Meter besitzt. Entlang der Rotationsachse entsteht dabei der erwähnte Schwerkrafteffekt. Der entstehende

Schub ist allerdings sehr gering, weshalb diese Lösung leider noch nicht in die möglichen Optionen für einen Antrieb fällt. Ob der Antrieb im interstellaren Raum funktioniert, außerhalb der Reichweite eines gravitationsreichen Planeten, ist ebenfalls noch eine Forschungsaufgabe für die Zukunft. Die Wirkungsweise dieser neuen Technik zeigt aber eindrucksvoll, dass ein Schiffsantrieb ohne Materieverlust möglich wäre.

Benutzen wir einmal unseren Wasserdampf, um ein theoretisches Modell für unsere Antriebsgondeln zu erstellen. Dieser Entwurf soll nicht als endgültige Lösung beschrieben werden, denn dazu ist der erzeugte Schub auch hier bei weitem nicht ausreichend. Unser Schiff hat insgesamt ein Gewicht von etwa 6.000 Kilogramm, weshalb die Schubkraft eines einzelnen Antriebs mit 1.500 Kilogramm im Dauerbetrieb zu bemessen ist. Die vorgestellte Lösung ist somit nur ein Forschungsansatz sein, deren Konfiguration sich beliebig ändern lässt. Jede der Antriebsgondeln hat eine Länge von circa 4,15 Metern. Innerhalb der Gondeln sind an einer Längsachse zwei gegenüberliegende, druckfeste Behälter befestigt. Durch eine Dampfturbine werden diese schnell um die Achse rotiert. Die Behälter sind isoliert und enthalten ein dampfbetriebenes Heizelement, um im Inneren eine Temperatur von mindestens 10 Grad Celsius zu halten. Die Höhe und Breite der Gondeln muss innen mindestens dem Rotationsdurchmesser der Antriebsbehälter entsprechen. Da die Gondeln selbst nicht als Druckkörper ausgelegt sind, wird durch das Vakuum des Weltraums und dem dadurch entfallenden Luftwiderstand, der Wirkungsgrad der Antriebe stark erhöht. Direkt an der Dampfturbine ist ein Dynamo befestigt, der die Rotationsbewegung nutzt, um elektrische Energie herzustellen. Diese wird zurück in das elektrische Energienetz des Fusionsreaktors geleitet.

An der vorderen Wand der Gondel – vorne bedeutet hierbei die Seite in Richtung des Schubes – ist auf der Antriebsachse der Behälter ein großes Zahnrad fest mit der Gondelwand verbunden. Durch die Stirnseiten der Rotationsbehälter sind ebenfalls kleine Zahnräder herausgeführt, die in die Zähne des feststehenden Rades greifen. So wird während des Betriebs eine Drehbewegung in das Innere der Behälter geleitet.

Innerhalb der Antriebsbehälter befindet sich eine Flüssigkeit, die von der Behälterrotation nach außen gedrückt wird. Diese kann aus Wasser, aber auch aus einer schwereren Flüssigkeit, wie beispielsweise Quecksilber, bestehen. Die in den Behälter geführte Achse verläuft zunächst bis kurz vor die gegenüberliegende Wand. Sie wird durch eine Trennwand vor der Flüssigkeit des Behälters geschützt. Zwei Kegelzahnräder leiten die Bewegung anschließend nach unten zu einer Kreiselpumpe. Diese ist stehend auf der unteren Außenwand befestigt, und ihre Achse liegt quer zum Behälter. Der Zulauf erfolgt durch eine zentrierte Öffnung, die an der Pumpenachse liegt. Der Flüssigkeitsspiegel im Behälter ist so einzustellen, dass eine ausreichende Versorgung der Pumpe gewährleistet wird. An der Pumpenoberseite befindet sich eine exzentrische und schneckenförmige Ausbuchtung, welche die beschleunigte Flüssigkeit nach vorne ausstößt. Dieser Schubstrahl verläuft unterhalb der oberen Trennfläche zu einer Druckplatte an der vorderen Behälterwand.

Durch das Auftreffen des Strahls, und dem dadurch ausgeübten Druck, entsteht der Schub für unseren Antrieb. Die bei der Rotation erzeugte Schwerkraft übernimmt anschließend den Rücktransport der Flüssigkeit zum Pumpeneinlass.

Die Druckplatte kann gegebenenfalls mit einer Spitze versehen werden, um die Belastung für das Material zu reduzieren. Ebenfalls kann es erforderlich sein, die Behälter schraubenförmig um die Antriebsachse zu konstruieren, denn die Antriebsflüssigkeit fliegt nach Verlassen des Pumpenauslasses schnurgerade in die vorgegebene Richtung weiter. Da sich die Antriebsbehälter während dieser Flugzeit weiterdrehen, kann so ein Anschlagen der Flüssigkeit an die seitliche Behälterwand vermieden werden.

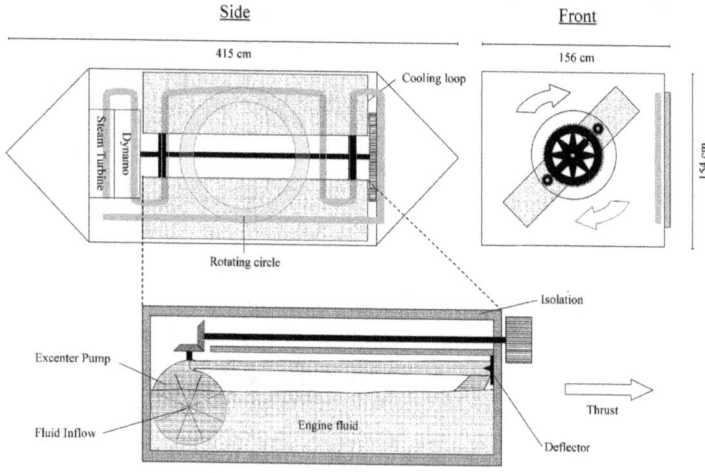

*Abb. 10: Funktionsmodell eines Antriebes mit Flüssigkeit*

*Hansen hatte alle Lampen im Wohnraum ausgeschaltet und sich auf das Bett gelegt. Nur vom Navigationsraum her kam ein wenig gelbes Licht von den Anzeigen herein. Das braune Holzimitat der Wände wirkte darin dunkler als sonst und war fast schwarz. Die goldenen Armaturen und Griffe des Wohnbereiches glänzten an der Wand. Hansen genoss ein wenig den entspannenden Moment, den ihm sein Schicksal gerade lies. Noch vor ein paar Minuten hatte er sich übergeben und war schwindelnd hingefallen. Seine Müdigkeit hatte ihn so sehr eingenommen, dass er alle Pflichten vergaß und sich nur noch nach Schlaf sehnte. Ob er wieder aufwachen würde, falls er einschliefe, vermochte er nicht zu sagen. Sollte er irgendwann einmal gefunden werden, so würde wohl wenigstens sein Ordnungssinn gewürdigt werden. Denn da er immer alles gut aufgeräumt und sauber hielt, war der Wohnraum auch jetzt noch das Schmuckstück des ganzen Schiffes. Wie gerne würde er jetzt die Luken öffnen und frische Luft hereinlassen. Sie hätte ihn bestimmt wieder fit gemacht. Fit für neue Forschungen, wie die fortgeführten Sternenkarten, die CLEO für die Navigation benötigte, oder die Entwicklung der Pflanzen an Bord, die sich genetisch an ihr spezielles Umfeld anpassen würden. Und letztlich ist auch CLEO ein Forschungsgebiet, indem ihr elektronischer Verstand sich weiter entwickelte und vielleicht einmal eine Historie der Ereignisse wiedergeben könnte. Aber würde sie jetzt bereits von der vergangenen Katastrophe berichten können? Würde man nicht sagen, es war der Fehler eines Dummkopfes, der nicht wusste, worauf er sich eingelassen hatte?*

*Hansen spürte, wie er schwächer wurde. Mittlerweile atmete er bereits seit einem Tag die vergiftete Luft ein. Alles was er noch zu tun vermochte, war hier im Bett zu liegen und zu warten. Warten darauf, dass sich irgendwann ein Signal von der Erde fände und er vielleicht gerettet würde. Mit diesen letzten Gedanken war er eingenickt und versank in einen tiefen Schlaf.*

Bei der Einrichtung des Wohnraums der äußeren Ebene in Segment 1 stehen uns stolze zehn Quadratmeter zur Verfügung. Als Schafstätte verwenden wir ein Bett, das auf der Segmentinnenseite entweder an der Ebenentrennwand oder an der oberen Deckenfläche aufgeklappt werden kann. Vor der Wand zu Segment 2 ist eine Arbeitsfläche angebracht, die eine Waschgelegenheit und eine Kochstelle enthält. Entlang der unteren Deckenfläche befindet sich ein waagerechter Schrank mit fünf Schranktüren, in dem Haushaltswaren und Kleidung untergebracht sind. Während des Rotationsfluges lässt sich die Arbeitsfläche an einer entsprechenden Wandbefestigung um 90 Grad im Uhrzeigersinn drehen. In dieser Stellung befindet sich links davon die Leiter zum Navigationsraum. Auf der rechten Seite wird der Schrank nun aufrecht verwendet. Der Raum in der Schiffsspitze kann als Lagerraum für Nahrung genutzt werden und erhält eine kleine Zugangsluke.

Machen Sie es sich im Wohnraum gemütlich und gestalten ihn so edel wie möglich, um den Glanz unseres Schiffes darin wiederzuspiegeln!

## Kapitel On Board Software

Auch wenn 90 Prozent aller Schiffssysteme auf einer einfachen mechanischen oder elektrischen Basis sind, so soll auch die Elektronik, als Informationsspeicher und Kontrollsystem, eine gewisse Rolle übernehmen ...

*Wie lange er geschlafen hatte, konnte er nicht sagen. Immerhin wachte er wieder auf. Alles war noch immer dunkel, so wie Hansen es vor seinem Schlaf in Erinnerung hatte. Er fühlte sich benommen und seine Glieder waren schwer. Im liegen lauschte er dem leisen Rauschen, das in der Luft lag. Nein, nicht das Rauschen der Luftanlage, die ständig Luft entlang der äußeren Ebene bewegte. Es war ein hellerer Klang, der durch die Tür des angrenzenden Segments drang. Eine Weile genoss er dieses Geräusch, das ihn an einen Schauer im Sommer erinnerte. Aber war es das? War es ein Schauer nebenan? Hatte jemand die Bewässerung der Pflanzenbeete eingeschaltet? Und warum war er noch am Leben? Er stand langsam auf. Wider erwarten ging es ihm besser. Seine Lungen schmerzten beim Atmen, und seine Muskeln hatten einen Muskelkater. Was war los gewesen? Vorsichtig, um nicht hinzufallen, ging er zur Tür. Als er sie öffnete, wehte ihm eine feuchte Briese ins Gesicht. Im Flur stand eine leuchtende Wolke aus feuchtem Nebel. Durch die Pflanzenbeleuchtung wurde sie hell angestrahlt und ließ nur schemenhaft den Flur dahinter erkennen.*

*Tatsächlich waren die Bewässerungssprinkler der Beete aktiviert und sprühten ihr kühles Nass. Das Grün, das aus den Beeten wucherte, war intensiver, als er es in Erinnerung hatte.*

*Ja, eindeutig! Die Pflanzen waren gewachsen. So weit, dass sie sogar aus den Beeten hingen. Wie lange konnte er wohl geschlafen haben? Genau in diesem Moment schalteten sich die Sprinkler ab. Von allen Beeten tropfte es unaufhörlich herab, und Hansen bemerkte, dass seine Atmung durch die Feuchtigkeit leichter ging. Aus den Lautsprechern ertönte eine bekannte Stimme: „Hallo, Du bist aufgewacht?"*

*Es war CLEO, die sich über Hansens Wiederauferstehung wohl freute und ihn deshalb begrüßte. „Status?" fragte er, um so die Umgebungsdaten zu checken. „Temperatur: 19 Grad, Luftfeuchte: 92 Prozent, Luftdruck 0,7 Bar, Kurs stabil, Energieversorgung normal, Pflanzen ein." tönte es zurück. „Pflanzen ein?" fragte Hansen ungläubig, da er diesen Status bis heute noch nicht gehört hatte. CLEO erwiderte: „Pflanzen sind gegossen." Das war merkwürdig, denn die Pflanzenpflege war sein festes Aufgabengebiet. CLEO hatte kein Programm, unter dem SIE die Beete pflegte. Woher soll sie es bekommen haben? Er ging zurück in den Wohnraum und kletterte hinauf zu seinem Pilotensitz. Das Funkgerät war immer noch eingeschaltet, und die Signalanzeige zeigte stabile 73 Prozent an. Nachdem Hansen CLEOs Bildschirm eingeschaltet und sich ihre Tatstatur auf den Schoß gelegt hatte, fand er nach kurzer Suche eine weitere Überraschung: In ihrem Terminprotokoll hatte sie einen neuen Eintrag, der die Pflanzen einmal täglich mit Wasser versorgte.*

*Zu seinem Erstaunen fand er im Speicher auch noch die Einträge von Internetseiten, die Artikel zum Thema Biomassevergärung und Methan enthielten. Was war passiert? Hatte sich CLEO Informationen zu den aktuellen Problemen besorgt? Aber wer hatte anschließend die Lösung gefunden?*

Die Installation der Hardware in der EINA erfolgt unter bestimmten Anforderungen. Der Langzeitspeicher darf nicht empfindlich gegenüber Erschütterungen sein und wird deshalb zum Beispiel durch Flash-Speicherkarten gebildet. Eine herkömmliche Festplatte ist maximal als Backupspeicher einzusetzen und kann nur in ruhigen Flugphasen aktiviert werden. In der Hoffnung auf eine lange Betriebsdauer wird auf zwei Rechner gesetzt, die mit Prozessoren des 486er Befehlstandards aus den Jahren 2000 bis 2005 ausgestattet sind. Die Bildschirme sind in LCD-Flachbildschirm Bauweise, um einen energiesparenden und langlebigen Einsatz zu sichern.

Die Software des Computers Local Environment Operator – genannt CLEO – besitzt eine eigene Ablagestruktur auf dem Hauptspeichermedium. Da die gespeicherten Informationen nicht fragmentiert werden, wird die Wiederherstellung der Daten für eventuelle Finder erleichtert. Der Ablagebereich ist einen in Wortspeicher und einen Datenspeicher geteilt. Die Besonderheit von CLEO ist die Fähigkeit, mittels Sprache und ganzen Sätzen zu kommunizieren. Sie kann neue Worte und Zusammenhänge verstehen und speichern. Sämtliche Informationen und Funktionen sind dadurch auch ohne die Verwendung von Bildschirm und Tastatur abrufbar. Zu diesem Zweck wird bei der Installation am zentralen Leitungskanal eine Reihe von Mikrofonen und Lautsprechern entlang der äußeren und der inneren Ebene installiert. CLEO bietet im Navigationsraum zusätzlich eine grafische Benutzeroberfläche über Bildschirme an den Flugkontrollen. Die Menüs und Zugriffsseiten sind entsprechend den Schiffskomponenten angelegt.

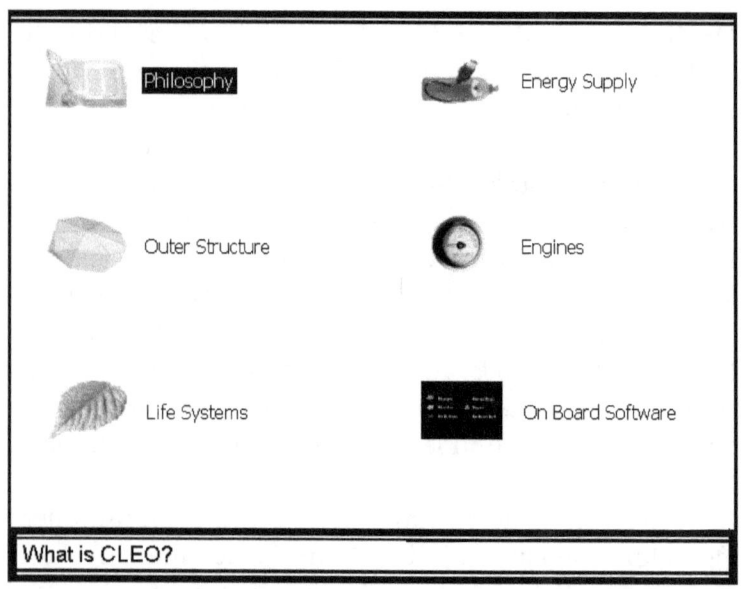

*Abb. 11: Screenshot eines CLEO Menüs*

Die Funktionen des Schiffes können zusätzlich auch durch CLEO gesteuert werden, um das laufende Systemmanagement zu vereinfachen.

Das Kernel des hier beschriebenen Betriebssystems ist bereits zu einem großen Teil fertig gestellt. Die erforderlichen Treiber werden parallel zur Fertigstellung der Schiffssysteme entwickelt, um sie den Gegebenheiten genau anzupassen. Intern wird CLEO über den Protected Mode der Prozessoren betrieben. Es hält sich an die Standard der Segmentierung und ist Multitaskingfähig. Die grafische Oberfläche ist nicht Fensterorientiert, um einen seriellen Informationsfluss, analog der gesprochenen Sprache, darzustellen. Dies bedeutet, dass beim

Umgang mit CLEO, ähnlich wie bei einer mündlichen Erzählung, ein Pfad durchlaufen wird, der die Masken nacheinander aufruft. Berücksichtigt man die möglichen Querverweise zu anderen Informationen, so entsteht bei dieser Nutzung ein automatischer Workflow.

Mit der permanenten Sammlung von Information, setzt auch CLEO den Gedanken des Forschens und Entdeckens fort und wird so gleichfalls zur Botschafterin der Menschheit.

*War der Erhalt der Pflanzen vielleicht der Schlüssel zur Lösung? Und wurde der Methangehalt etwa durch ihre Photosynthese reduziert? Anscheinend ja! Offensichtlich hatten die Pflanzen einen recht ordentlichen Wachstumsschub gemacht, und als Hansen auf den Chronographen blickte, bemerkte er, dass fünf ganze Tage vergangen waren, seit er eingeschlafen war!*

*CLEO meldete sich wieder: „Wie geht es Dir?" „Besser." antwortete Hansen, der nicht über diese Frage nachdachte. „Das ist gut. Ich habe gesucht." gab CLEO zu verstehen. „Hast Du die Lösung für das Methan gefunden?" fragte Hansen. Und CLEO antwortete: „Das ist nicht bekannt. Du warst nicht da. Den Pflanzen ging nicht gut. Pflanzen absorbieren Methan. Methan machte krank. Pflanzen geht nicht gut, wenn Du nicht bist." Mit Sicherheit waren diese Sätze zunächst mehr verwirrend, als dass sie zur Lösung dieses Rätsels beitrugen. Aber sie waren wohl seine Rettung aus einer scheinbar hoffnungslosen Lage gewesen. Er hätte selbst keine Kraft mehr gehabt, die Recherchen durchzuführen.*

*Es war ein Glück, dass er es noch geschafft hatte, die Funkanlage in Betrieb zu nehmen. Doch die Lösungssuche durch CLEO war mehr als Glück. Dass sie einen eigenen Gedankenkreislauf hatte, wusste Hansen. Er wusste aber nicht, wozu dieser fähig war. In Hansens Gesicht begann sich ein Lächeln einzuschleichen, das sich nach und nach zu einem Lachen verwandelte. Er lachte laut und immer lauter vor Freude über sein Glück. „Danke!" sagte er zu CLEO, die gerade ihren normalen Kontrolltätigkeiten nachging.*

*Er ließ sich die Leiter in den Wohnraum hinab, ging zum Waschbecken und trank ein Glas Wasser. Auf dem Weg zur Sonne Gliese 581 hatte er seine erste große Bewährungsprobe bestanden. Er würde diese Sonne erreichen, egal ob lebendig oder tot. Dass er auf dem Weg dorthin wieder an seinen Forschungen arbeiten kann, ist das Ergebnis aus Glück, Technologie und dem Inhalt dieser Geschichte.*

# *Abkürzungsverzeichnis*

Schiffsbestandteile

| | |
|---|---|
| OS | Outer Structure |
| CT | Central Tunnel |
| LT | Lengthwise Tunnel |
| MCB | Material Collecting Bay |
| NAV | Navigation Room |
| CWT | Clean Water Tank |
| PU 1- 4 | Propulsion Units |
| WT 1 – 4 | Water Tank 1 - 4 |
| OS 1 – 8 | Outer segments in clockwise order, starting with the segment in front |
| IS 1 – 8 | Inner segments in clockwise order, starting with the segment in front |

Schiffskreisläufe

| | |
|---|---|
| OSA | Outer System of Air-Condition |
| ISA | Inner System of Air-Condition |
| PS 1 - 4 | Propulsion Steam 1 – 4 |
| WAS | Water Adjustment System |
| IBE | Internal biological Energy |
| FBE | Fusion based Energy |

Funktionale Einheiten

| | |
|---|---|
| GSC | Generator for Static Charge |
| MBL | Material Collecting Bay Lock |
| EINA | Electronic Installations for Navigation and automated Processes |
| LCR | Light Controlled Rotation-Flight |
| GCR | Gyroscope Control for Rotation-Flight |
| CLEO | Computers Local Environment Operator |
| MFC | Methane Fuel Cell |
| TOA | Turbine outer Air-Condition |
| TIA | Turbine inner Air-Condition |
| IHA | Inner Heating for Air-Condition |
| IDA 1, 2 | Inner Dehydrate Unit for Air-Condition 1, 2 |

*Abbildungsverzeichnis*

Abb. 1a: Draufsicht der äußeren Rahmenstruktur 19
Abb. 1b: Seitenansicht der äußeren Rahmenstruktur 20
Abb. 1c: Rückansicht der äußeren Rahmenstruktur 21
Abb. 2: Anordnung des Fahrwerks 23
Abb. 3: Verstrebungen in der Rahmenstruktur 25
Abb. 4a: Draufsicht der inneren Rahmenstruktur 27
Abb. 4b: Seitenansicht der inneren Rahmenstruktur 28
Abb. 4c: Rückansicht der inneren Rahmenstruktur und der MCB 29
Abb. 5: Querschnitt durch eines der Pflanzenbeete 43
Abb. 6: Einheiten zur Luftbewegung und Luftentfeuchtung 47
Abb. 7: Ansicht der MCB 56
Abb. 8: Einteilung des Navigationsraums 67
Abb. 9: Gyroskop zur Rotationssteuerung 69
Abb. 10: Funktionsmodell eines Antriebes mit Flüssigkeit 80
Abb. 11: Screenshot eines CLEO Menüs 86

## *Tabellenverzeichnis*

| | | |
|---|---|---|
| Tab. 1a: | Materialliste äußerer Rahmen | 32 |
| Tab. 1b: | Materialliste innere Struktur | 32 |
| Tab. 1c: | Materialliste Außenverkleidung | 33 |
| Tab. 1d: | Materialliste Innenverkleidung | 34 |
| Tab. 2a: | Sensoren und Kontrollen für die Umgebung | 72 |
| Tab. 2b: | Sensoren und Kontrollen für die Energieversorgung | 72 |
| Tab. 2c: | Sensoren und Kontrollen zur Flugkontrolle | 73 |

www.ingramcontent.com/pod-product-compliance
Lightning Source LLC
Chambersburg PA
CBHW070311230526
45470CB00002B/825